Volkswirtschaftliche und wirtschaftsgeschichtliche Abhandlungen
herausgegeben von
Wilhelm Stieda
o. ö. Professor der Nationalökonomie in Leipzig
III. Folge Heft 1

Die Landwirtschaft
unter dem Einflusse von Bergbau und Industrie im Rheinischen Ruhrkohlengebiete

Von
Dr. W. Avereck

Leipzig
Verlag von Veit & Comp.
1913

Druck von Metzger & Wittig in Leipzig.

SEINEM LIEBEN FREUNDE

HERRN HEINRICH MÜLDERS

IN MÜLHEIM A. D. RUHR

IN AUFRICHTIGER FREUNDSCHAFT GEWIDMET

VOM VERFASSER.

Vorwort.

Landwirtschaft und Industrie sind zwei gleichberechtigte und gleich bedeutungsvolle Faktoren im wirtschaftlichen Leben. Auf dem einmütigen Zusammenarbeiten dieser beiden Zwillingsschwestern beruht in erster Linie das Wohlergehen eines Landes. Nur dort, wo beiden ein lohnendes Feld für ihre Betätigung und ihren Schaffensdrang geboten ist, können sie gedeihen. Die heimische Landwirtschaft ist die sicherste Abnehmerin industrieller Erzeugnisse, und die Industrie mit ihrer stetig wachsenden Bevölkerungszahl hinwiederum der beste Absatzmarkt für landwirtschaftliche Produkte. Beide Berufsstände sind darum aufeinander angewiesen, beide können und müssen friedlich nebeneinander bestehen. Der Verfall des einen wird leicht den Ruin des anderen nach sich ziehen. Das hier Gesagte gilt natürlich nur für ein größeres Gebiet, für ein ganzes Land. In einem kleineren, eng begrenzten Gebiete, kann recht wohl der eine der beiden Berufsstände den anderen stark in den Hintergrund drängen, ohne daß dadurch das volkswirtschaftliche Wohlergehen des Landes beeinträchtigt wird.

Wer mit der Eisenbahn den rheinisch-westfälischen Industriebezirk durchquert, wird beim Anblick der immer wiederkehrenden Bilder, wie Fabriken mit vielen rauchenden Schloten, Kohlenschächte mit mächtigen Berghalden und langgestreckte Arbeiterkolonien, zunächst den Eindruck gewinnen, als ob hier die Landwirtschaft von ihrer jüngeren Schwester, der Industrie, fast gänzlich verdrängt sei. Und doch wäre es falsch, der Landwirtschaft in diesem Gebiete zurzeit jede Bedeutung abzusprechen. Die mächtigen Steinkohlenlager, deren Ausbeutung seit der Mitte des vorigen Jahrhunderts in riesigem Umfange erfolgt, haben allerdings den Schwerpunkt der wirtschaftlichen Entwickelung in die Industrie verlegt. Es ist deshalb leicht erklärlich, daß Industrie und Bergbau hier im Vordergrund des Interesses stehen und daß die Landwirtschaft dieses Gebietes im allgemeinen weniger beachtet wird. Gleichwohl dürfte es von besonderem Interesse sein, die landwirtschaftlichen Verhältnisse in einer Gegend zu untersuchen, in der der gewaltige Aufschwung der Industrie auf diese nicht ohne Einfluß geblieben ist. Die nachstehende Untersuchung soll sich demnach nicht nur darauf beschränken, eine objektive Schilderung von der heutigen Lage der Landwirtschaft im rheinischen Ruhrkohlengebiet zu geben, sondern nachzuweisen versuchen, inwieweit die wirtschaftlichen und sozialen Verhältnisse der Landwirtschaft durch Bergbau und Industrie beeinflußt worden sind und inwiefern sich die Landwirtschaft hinsichtlich ihrer Produktionsrichtung den gegebenen Verhältnissen angepaßt hat.

Zur Lösung dieser Aufgabe standen mir außer einigen sehr verstreuten Notizen in der Literatur hauptsächlich nur zwei Hilfsmittel zu Gebote, nämlich die amtliche Statistik und persönlich vorzunehmende Erhebungen. Von der Literatur, die in einzelnen Fällen zu Rate gezogen werden konnte, wären besonders zu nennen zunächst die Werke, welche die landwirtschaftlichen Verhältnisse in der älteren Zeit behandeln, wie Beschreibung der Landwirtschaft von Westfalen und Rheinland von Schwerz (1816), Statistik und Topographie des Reg.-Bez. Düsseldorf von Dr. Georg v. Viebahn (1836), topographisch-statistische Beschreibung des Kreises Duisburg (1845), Statistik des Reg.-Bez. Düsseldorf von Dr. Otto v. Mülmann (1867). Ferner die Abhandlungen, die sich auf einzelne Teile beziehen, wie die Festschrift zum VIII. allgemeinen Deutschen Bergmannstag (1900), die Vererbung des ländlichen Grundbesitzes von Sering in den Landwirtschaftlichen Jahrbüchern (1900), „Die Lage der ländlichen Arbeiter" von Auhagen in den Schriften des Vereins für Sozialpolitik (1892), „Die Entwickelung der Landwirtschaft" von Hansen in der Landwirtschaftlichen Zeitschrift für die Rheinprovinz (1900). Endlich zwei Abhandlungen, die sich auf die landwirtschaftlichen Verhältnisse im benachbarten westfälischen Industriegebiete beziehen, nämlich „Die Landwirtschaft der Kreise Recklinghausen und Gelsenkirchen" von Dr. Joh. Altkemper, Bonn (1905), und „Die Landwirtschaft in den Kreisen Dortmund und Hörde" von Dr. Gisbert Linneweber, Stuttgart (1909). Das statistische Material wurde sowohl der amtlichen Statistik des Deutschen Reiches als auch der amtlichen preußischen Statistik und dem bekannten Werke von Meitzen: „Der Boden und die landwirtschaftlichen Verhältnisse des Preußischen Staates"[1] entnommen.

Durch das freundliche Entgegenkommen und die tätige Mitarbeit verschiedener Landwirte des rheinischen Ruhrkohlengebietes wurde es mir möglich, von der heutigen Lage der dortigen landwirtschaftlichen Verhältnisse ein ziemlich getreues Bild zu entwerfen. Allen denen, die mich durch Überlassung ihres Materials oder durch Angaben in bereitwilligster Weise unterstützt haben, spreche ich auch an dieser Stelle meinen verbindlichsten Dank aus.

Ferner ist es mir eine liebe und angenehme Pflicht, an dieser Stelle dem Dank Ausdruck zu verleihen, den ich dem Herrn Geh. Hofrat Prof. Dr. Stieda in Leipzig schulde für die Anregung und wohlwollende Förderung, die er dieser Arbeit hat angedeihen lassen.

---

[1] Berlin 1888—1908.

Inhalt.

Erster Teil.

Die Grundlagen der Landwirtschaft.

A. Die natürlichen Grundlagen.

1. Die örtlichen Verhältnisse.

Das von uns ins Auge gefaßte Gebiet erstreckt sich über die heutigen Stadtkreise Duisburg, Mülheim a. d. Ruhr, Oberhausen und Essen, sowie über die beiden Landkreise Essen und Dinslaken; es ist also derjenige Teil des rheinisch-westfälischen Ruhr-Kohlengebietes, welcher politisch zum Reg.-Bez. Düsseldorf gehört und im Osten gegen die westfälische Grenze und im Westen durch den Rheinstrom abgegrenzt ist.

Die oben genannten sechs Kreise bildeten bis zur Mitte des vorigen Jahrhunderts den alten Kreis Duisburg, der im Jahre 1823 durch Zusammenlegung der Kreise Essen und Dinslaken entstanden war. Der Hauptort dieses Kreises wurde die ehemalige reichsunmittelbare Universitäts- und Hansastadt Duisburg. Der vormalige Kreis Essen zählte zur Zeit jener Vereinigung 40970 Einwohner und bestand aus den ehemaligen Stiftsgebieten Essen und Werden, sowie der früheren bergischen Unterherrschaft Broich mit Mülheim a. d. Ruhr. Der Kreis Dinslaken umfaßte die dem ehemaligen Herzogtum Cleve zugehörigen Bürgermeistereien Duisburg, Ruhrort, Holten, Dinslaken, Götterswickerhamm und Gahlen und hatte im Jahre 1823 23559 Einwohner. Die Gesamtgröße des neu gebildeten Kreises betrug rund 670 qkm. Die gewaltsamen Änderungen, welche das ganze Wirtschaftsleben durch den großartigen Aufschwung der Industrie in der zweiten Hälfte des 19. Jahrhunderts erlebte, machten die Forderungen der politischen Umgestaltung des bisherigen Kreises Duisburg zu einer zwingenden Notwendigkeit. Innerhalb weniger Jahrzehnte erscheint daher eine so mannigfaltige Umgestaltung und Gebietsverschiebung durch Kreisteilungen und Eingemeindungen, wie sie wohl kein zweiter Kreis der preußischen Monarchie zu verzeichnen hat. Im Jahre 1857 wurde der Kreis Duisburg geteilt in die Kreise Essen und Duisburg. 16 Jahre später wurden beide Kreise nochmals geteilt, und zwar der Kreis Essen in einen Stadt- und einen Landkreis Essen und der Kreis Duisburg ebenfalls in einen Stadt- und einen Landkreis Duisburg. Der Sitz des Landratamtes des Landkreises Duisburg wurde nach Mülheim a. d. Ruhr verlegt. Im Jahre 1887 wurde der letztgenannte Kreis nochmals geteilt: in die Kreise Mülheim a. d. Ruhr und Ruhrort. Am 1. April 1901 konnte die Stadt Oberhausen, nachdem sie eine Einwohnerzahl von 40000 erreicht hatte, aus dem Verbande des Kreises Mülheim a. d. Ruhr ausscheiden. Am 1. April 1904 erfolgte nochmals eine Teilung des Kreises Mülheim a. d. Ruhr in einen Stadtkreis und einen Landkreis, wobei gleichzeitig die Gemeinden Broich, Speldorf, Saarn, Styrum und Holthausen mit der bisherigen Stadt Mülheim a. d. Ruhr vereinigt wurden. Der Landkreis Mülheim a. d. Ruhr hatte jedoch nur eine kurze Lebensdauer, denn schon am 1. April 1910 wurde er ganz aufgelöst und in seinen einzelnen Bestandteilen den Kreisen Mülheim a. d. Ruhr, Essen und Oberhausen einverleibt. Seitens der Stadt Essen wurden in den Jahren 1901 und 1905 die Bürgermeistereien Altendorf und Rüttenscheid und 1908 und 1910 die Gemeinden Huttrop und Rellinghausen eingemeindet. Die Stadt Duisburg erweiterte ihr Gebiet durch die Eingemeindung von Meiderich, Ruhrort, Beeck, Wanheim und Angerhausen um ein Beträchtliches. Die Stadt Dinslaken wurde 1909 der Hauptort des jetzt nach ihr benannten früheren Kreises Ruhrort. Nunmehr ist auch Hamborn aus dem Kreise Dinslaken ausgeschieden, um fortan einen eigenen Stadtkreis zu bilden.

2. Die geologischen Verhältnisse.

Der südöstliche Teil des Reg.-Bez. Düsseldorf charakterisiert sich als eine ansehnliche Hochfläche, durchfurcht von engen und tief eingeschnittenen Tälern, die sich nach Norden zu immer mehr abflacht und jenseits der Ruhr nur noch flach abgedachte Landrücken von geringer Erhebung aufweist. Allmählich wird der Boden immer ebener und geht schließlich ganz in das Kreidebecken der großen Münsterschen Tiefebene über. Entsprechend dieser Oberflächengestaltung ist die geognostische Beschaffenheit des Bodens. Während der südliche, höher gelegene Teil hauptsächlich aus älteren Gebirgsformationen, dem Mittel- und Oberdevon, besteht, finden wir an der Ruhr die Steinkohlenformation, an die sich dann die Kreideformation anlegt, die ihrerseits wieder in tieferen Gegenden vom Diluvium bedeckt wird[1].

Da nun gerade die Steinkohlenformation für den rheinischen Ruhr-Kohlenbezirk von der allergrößten wirtschaftlichen Bedeutung ist, so soll hier in Anlehnung an die in der Festschrift zum VIII. allgemeinen Deutschen Bergmannstag erschienenen Abhandlung des Bergassessors Hundt: „Die Steinkohlenformation des Ruhr-Kohlenbeckens“[2] näher darauf eingegangen werden.

---

[1] Otto V. Mülmann: Statistik des Reg.-Bez. Düsseldorf (1867), S. 260ff.
[2] Festschrift zum VIII. allgemeinen Deutschen Bergmannstag (Steinkohlenablagerung des Ruhrkohlenbeckens), S. 4ff.

Die infolge des Kohlenbergbaues vorgenommenen Tiefbohrungen haben in diesem Gebiete sehr genaue Forschungen in geologischer Hinsicht ermöglicht. In ihrem Aufbau zeigt die Steinkohlenformation des Ruhr-Kohlenbeckens eine Reihe von Mulden und Sätteln, deren Streichrichtung von West-Südwest nach Ost-Nordost gerichtet ist. Für unseren Bezirk kommen von den durch Schachtanlagen bisher bekannten Hauptmulden und Sätteln folgende in Betracht:

1. Die Bochum-Dortmunder oder Baaker Hauptmulde.
   Annähernder Verlauf: Werden—Heisingen—Dahlhausen—Marten—Altenderne.
2. Der Erin-Schweriner oder Amsterdamer Hauptsattel.
   Annähernder Verlauf: Rüttenscheid—Kray—Wattenscheid—Bodelschwingh.
3. Die Stoppenberger Hauptmulde.
   Annähernder Verlauf: Mülheim a. d. Ruhr—Essen—Stoppenberg—Herne—Mengede.
4. Der Spelldorfer Hauptsattel.
   Annähernder Verlauf: Altenessen—Schalke—Crange—Henrichenburg.
5. Die Emscher-Mulde.
   Annähernder Verlauf: Bottrop—Horst—Herten—Recklinghausen.

Zwischen diesen Hauptfalten finden sich zahlreiche Mulden und Sättel, die indes nur eine untergeordnete Bedeutung haben. Im Süden, also dort, wo das Steinkohlengebiet an die älteren Formationsglieder angrenzt, ist die Faltung am intensivsten. Zwischen Kettwig und Mülheim a. d. Ruhr tritt in einem kleinen Teile unseres Bezirks das flözleere Karbon zutage. Die Grenze zwischen flözleerem Sandstein und produktivem Steinkohlengebirge ist jedoch keine scharfe, während die nördlich anstoßende Kreidebildung sich von der Oberflächengestaltung des Karbons scharf abhebt. Der Teil des produktiven Steinkohlengebirges, welcher die Oberfläche selbst bildet oder wenigstens unter einer nur unbedeutenden Lehmdecke sich findet, tritt in unserem Bezirk in der Gegend von Mülheim a. d. Ruhr, Essen und Werden auf. Nördlich der Linie Mülheim a. d. Ruhr—Essen—Rüttenscheid verschwindet dann das produktive Steinkohlengebirge völlig unter den Schichten der Kreide. Der zutage ausgehende Teil des produktiven Kohlengebirges ist zwar in technischer, industrieller und volkswirtschaftlicher Beziehung von erheblicher Bedeutung; er steht jedoch dem oft bis zu ansehnlicher Tiefe von den jüngeren Gebirgsformationen überdeckten nördlichen Teile bei weitem nach. Merkwürdigerweise fehlen die zahlreichen Gebirgsformationen zwischen dem produktiven Kohlengebirge und der ungemein viel jüngeren Kreidegruppe in diesem Gebiete fast gänzlich.

Als die jüngsten Ablagerungen charakterisieren sich die Lagen von Gerölle, Sand und Lehm, die gewöhnlich die oben erwähnten Gesteinsbildungen bedecken und die man mit dem Namen Diluvium bezeichnet, ohne daß damit eine bestimmte Beziehung auf die Art ihrer Bildung ausgedrückt werden soll. In volkswirtschaftlicher Beziehung verdienen gerade diese Diluvialablagerungen besondere Beachtung. Da sie den größten Teil der Oberfläche einnehmen, üben sie einen bestimmenden Einfluß auf den Boden und besonders auf die für die Landwirtschaft so wichtige Dammerde oder Ackerkrume aus und sind deshalb im wesentlichen für die Beschaffenheit und die Fruchtbarkeit des Landes maßgebend. Dort wo der Lehm die oberste Lage des Diluviums über dem Sand und Gerölle bildet, haben wir die fruchtbarsten Bodenarten. Fehlt diese Lehmdecke und bilden Sand und Gerölle die oberste Bodenschicht, so haben wir es mit jenen mehr oder minder unfruchtbaren Böden zu tun, die oft die Kultur nicht mehr lohnen.

In unserem Gebiete finden sich die durchweg sehr fruchtbaren Diluvialablagerungen besonders auf den flachen nördlichen Abhängen der Kreideformation gegen das breite Tal der Emscher hin. Die untersten Lagen von Gerölle (Kies oder Grant) sind durchweg von 3—4 m Mächtigkeit. Darüber lagert sich meistens ein kalkiger, feinsandiger Lehm von oft großer Mächtigkeit, der in seinen unteren Schichten dort, wo er in flachen Gegenden reichlich mit Wasser getränkt ist, den oft mit Recht so gefürchteten Fließboden bildet. Die obere Lehmschicht bildet den meist sehr fruchtbaren Ackerboden und wird auch vielfach als Ziegelerde benutzt. Der an vielen Stellen vorkommende Löß mit seinem hohen Kalkgehalt übt naturgemäß einen sehr günstigen Einfluß auf die Fruchtbarkeit des Bodens aus. In einem Teile des nördlichen Bezirkes, sowie auf der linken Ruhrseite, finden sich größere Ablagerungen von Sand und Gerölleagen.

Diluvial- und Alluvialablagerungen haben im großen und ganzen die gleiche petrographische Zusammensetzung und somit auch, da diese in den Flußniederungen, jene auf den Landhöhen die Bodendecke bilden, im allgemeinen die gleiche volkswirtschaftliche Bedeutung. In unserem Bezirk kommen die verbundenen Alluvionen der Ruhr und Emscher hauptsächlich nördlich von diesen Flußtälern in Betracht.

Ebenso mannigfaltig und verschiedenartig wie die geologischen Verhältnisse unseres Bezirkes ist die Qualität des Kulturbodens. Es sind die verschiedensten Abstufungen des Ackerbodens vertreten: Tonböden, Lehmböden, sandige und kiesige Lehmböden, lehmige Sandböden und reine Sandböden sind hier vorhanden. Lehmboden und vorzugsweise ausgezeichneter milder Lehmboden findet sich hauptsächlich im Essener Kreise, sowie in dem anstoßenden, auf der rechten Ruhrseite belegenen Teile des Kreises Mülheim a. d. Ruhr, während der übrige Teil unseres Gebietes größtenteils mehr sandigen Boden aufweist. Bietet somit das erstgenannte Gebiet eine vorzügliche Grundlage für einen intensiven Betrieb der Landwirtschaft, so gewährt der andere Teil die Möglichkeit der gerade für das Industriegebiet so notwendigen Erhaltung eines größeren Waldbestandes. Nimmt man hinzu, daß die erwähnten Gebirgsformationen fast unerschöpfliche Reichtümer an Steinkohlen vorzüglichster Qualität bergen, welche der weitverbreiteten mannigfachen Industrie die notwendigste und sicherste Grundlage darbieten, so darf man wohl mit Recht behaupten, daß die geologischen Verhältnisse für einen wirtschaftlichen Aufschwung die denkbar günstigsten sind.

3. Die hydrographischen Verhältnisse.

Von fließenden Gewässern kommen in unserem Bezirk hauptsächlich der Rhein, die Ruhr und die Emscher in Betracht.

Der Rhein schließt unser Gebiet nach Westen hin ab. Abgesehen von einzelnen Krümmungen fließt er von Wanheim bis zur Grenze des Kreises Rees in mehr nördlicher Richtung. Die Wassermenge des Rheines ist im Verhältnis zu den übrigen deutschen Strömen am wenigsten schwankend, da auch während des ganzen Sommers die alpinen Zuflüsse wegen der Schneeschmelze selten versiegen. Da dementsprechend die Unterschiede zwischen dem höchsten und niedrigsten Wasserstande verhältnismäßig gering sind, so ist fast während des ganzen Jahres ein geregelter Schiffsverkehr möglich. Und dieser Umstand sichert dem Rhein seine besondere Bedeutung als Verkehrsstraße[1]. In unserem Gebiete finden sich die bedeutendsten Hafenanlagen am Niederrhein, nämlich die rechts und links unmittelbar an der Ruhrmündung gelegenen Häfen zu Duisburg, Ruhrort und Hochfeld. Sie bilden den Hauptumschlagplatz der aus dem rheinisch-westfälischen Industriegebiet kommenden Kohlen und vermitteln den Verkehr des bergischen Landes mit dem ganzen Rheinstromgebiete und seinem Hinterlande. Über die weitere Bedeutung des Rheines als Verkehrsstraße, insbesondere auch für die Landwirtschaft des Ruhrreviers, wird an anderer Stelle zu berichten sein.

Die Ruhr, die oberhalb Steele in unseren Bezirk eintritt, fließt mit einigen Bogen bis Kettwig in südwestlicher, von hier bis Alstaden in nordwestlicher und dann bis zur Einmündung in den Rhein in westlicher Richtung. Das Ruhrtal ist in seinem ersten Teile bis Kettwig im produktiven Steinkohlengebirge und von hier ab bis Mülheim im Flözleeren eingeschnitten. Die Abhänge des Flußtales sind teilweise ziemlich steil. Ihre Höhe nimmt von Werden an abwärts immer mehr und mehr ab, bis bei Mülheim der rechte Uferrand ganz verschwindet und der linke bei rasch abnehmender Höhe sich zurückzieht und sich gegen Duisburg verläuft.

In der Mitte des vorigen Jahrhunderts war auf der Ruhr ein reger Schiffahrtsverkehr, und noch im Jahre 1860 wurden auf der Ruhr nach dem Rhein und vom Rhein her zu Berg zusammen an 900000 t Güter befördert. Durch die Eröffnung verschiedener Eisenbahnlinien im Ruhrgebiet wurde der Verkehr immer mehr auf diese übergeleitet und anfangs der 70er Jahre wurde die Ruhrschiffahrt fast ganz eingestellt. So passierten im Jahre 1902 die unterste Ruhrschleuse bei Mülheim im ganzen nur noch 9 Schiffe mit 909 t Gütern. Im Sommer ist die Ruhrschiffahrt ungefähr drei Monate lang wegen

---

[1] W. Nasse, Der Rhein als Wasserstraße, in „Schriften des Vereins für Sozialpolitik" (1905) 102, S. 17.

zu niedrigen Wasserstandes und im Winter fast ebenso lange wegen Eis oder Hochwasser gesperrt[1]. Neuerdings sind Bestrebungen im Gange, die darauf hinzielen, eine Schiffahrtsverbindung zwischen Mülheim a. d. Ruhr und dem Rhein wieder herzustellen.

Die Ruhr führt verhältnismäßig klares Wasser, obwohl ihr die Abwässer von Städten und Fabriken in ziemlich großer Menge zugeführt werden. Da die meisten dieser Abwässer zuvor einem Klärverfahren unterliegen und die noch etwa in den Fluß gelangten Unreinigkeiten von der starken Strömung der Ruhr schnell hinweggespült oder an den Uferrändern abgesetzt werden, so läßt sich diese für das Industriegebiet ziemlich seltene Erscheinung wohl erklären. Der früher sehr bedeutende Fischreichtum der Ruhr ist allerdings stark zurückgegangen.

Ganz anders liegen oder lagen bis jetzt die Verhältnisse bei der Emscher. Durch ihre Lage in der Mitte des Industriegebietes schien sie von Natur aus dazu bestimmt zu sein, der Hauptvorfluter für die ihr durch zahlreiche Bäche und sonstige Zuleitungen zugeführten Abwässer des größten Teiles dieses Gebietes zu werden. Dabei machten sich zwei höchst unliebsame Nebenerscheinungen bemerkbar, nämlich erstens die enorme Verschmutzung des Emscherwassers, hervorgerufen durch die vielfach gar nicht oder höchst mangelhaft geklärten Abwässer der Städte und Ortschaften sowie der Fabriken und Bergwerke, und zweitens die Störungen der Vorflutverhältnisse, verursacht durch die infolge des Bergbaues eingetretenen Bodensenkungen und die Ansammlung von Schlammassen. So konnte es nicht ausbleiben, daß die aus den städtischen Kanälen oder direkt von den Zechen oder sonstigen Fabrikbetrieben zugeführten Abwässer in dem durch Bodensenkungen oft stark beeinflußten Emscherbett sich anstauten, die dann besonders in der wärmeren Jahreszeit gesundheitsschädliche Gase entwickelten und somit für die ganze Gegend eine direkte Gefahr bildeten[2].

Aber auch in wirtschaftlicher Beziehung entstand hier eine große Kalamität. Das durch seine schädlichen Beimengungen für Berieselungszwecke gänzlich untaugliche Emscherwasser überschwemmte nach anhaltendem Regen die anliegenden Wiesen und Äcker, überall die für die Kulturpflanzen schädlichen Stoffe zurücklassend, mit dem Erfolge, daß die Wiesen in ihrer Produktion sowohl der Qualität wie der Quantität nach beeinträchtigt und die betroffenen Äcker verunkrautet wurden. Daß die Emscher, die nach Aussage von älteren Leuten in früheren Zeiten sehr fischreich gewesen sein soll, unter den obwaltenden Umständen für Fische keine Existenzmöglichkeit mehr bot, bedarf kaum der Erwähnung.

Daß das höchst trübe Bild dieser „schwarzen und stinkenden, sich durch die blühenden Gefilde träge talabwärts wälzenden Ab-

---

[1] W. Nasse, Der Rhein als Wasserstraße, a. a. O. 102, S. 57.

[2] B. Schulz-Briesen, Die Genossenschaft zur Regulierung der Vorflut und der Abwässerreinigung im Emschergebiet. Kattowitz 1907. S. 1ff.

wässer"[1] schlecht zu den glänzenden wirtschaftlichen Verhältnissen des Industriegebietes stimmen wollte, wurde jedem Einsichtigen von Tag zu Tag klarer. So wurden denn alsbald Notrufe aus allen beteiligten Kreisen laut. Die Behörden der öffentlichen Gesundheitspflege verlangten hier dringende Abhilfe, um nach Möglichkeit eine Wiederholung von hier öfters auftretenden Epidemien zu vermeiden, die Kommunalverbände wurden sich ihrer Pflicht bewußt gegenüber diesen auf die Dauer unhaltbaren Zuständen, besonders in Rücksicht auf die vielfachen Schädigungen, die ein Teil ihrer Eingesessenen hierdurch erlitt, und endlich ersehnten auch viele Fabriken und Bergwerke eine gründliche Besserung dieses nichts weniger als idealen Zustandes herbei. Als nun schließlich von der Staatsregierung das Verlangen gestellt wurde, alle Städte und größeren Ortschaften sollten mit ordnungsmäßigen Kanalisationen versehen werden, da wurde endlich die Frage spruchreif.

Zunächst mußte man sich darüber klar werden, in welchem Umfange das Projekt zur Abhilfe aufgestellt werden sollte, um allen billigen Anforderungen gerecht zu werden. Man kam allgemein zu der Erkenntnis, daß die bisher üblichen stückweisen Verbesserungen der Vorfluter bei aller Anerkennung ihrer lokalen teilweisen vorzüglichen Erfolge im großen und ganzen nur unzulängliches Stückwerk seien. Dazu kam, daß Projekte für einzelne Kanalisationen wegen der mißlichen Vorflutverhältnisse sich als unausführbar erwiesen, während bei anderen wiederum die Gefahr bestand, daß sie bei weiter eintretenden Senkungen auf die Dauer ihren Zweck nicht erfüllen würden. So kam man denn zu der Überzeugung, daß nur eine großzügige und einheitliche Aktion Abhilfe schaffen könne, die das ganze in Frage kommende Interessengebiet umfaßte. Im Jahre 1900 trat eine Kommission zur Aufstellung eines generellen Entwässerungsprojektes für das Emschertal zusammen, welche die Notwendigkeit der Schaffung durchgreifenden Wandels in den Vorflutverhältnissen des gesamten Gebietes allseitig anerkannte. Infolgedessen wurde die Emscher-Genossenschaft ins Leben gerufen, die unter Aufsicht des Staates die geplanten Verbesserungen und Anlagen ausführen sollte. Zunächst wurde die Begradigung des Flußlaufes und der Tieferlegung des Emscherbettes um etwa 3 m, sowie die Klärung der der Emscher zugeführten Abwässer vorgesehen. Die Polderwirtschaft und die damit in Verbindung stehenden Stauwerke sollten nach Möglichkeit beseitigt werden. Ein gleichmäßig günstiges Gefälle sollte auf möglichst große Längenerstreckung ausgedehnt werden, um eine lebhafte Wasserbewegung und die damit verbundene bessere Durchlüftung und Desinfizierung des Wassers zu erzielen. Die profilarische Ausgestaltung des Emscherbettes wurde so angeordnet, daß es in Rücksicht auf weitere Bodensenkungen möglich ist, die Sohle des Flußbettes ohne weiteren Bodenerwerb noch um etwa 4 m zu vertiefen. Die Klärung der städtischen und industriellen Abwässer

[1] B. Schulz-Briesen, a. a. O., S. 3.

erfolgt sehr wirksam nach einer Erfindung von Dr. Ing. Imhoff in großen und tiefen Klärbrunnen. Die Kosten des Projektes wurden zunächst auf 38 Millionen Mark veranschlagt, eine Summe, die jedoch bei der späteren Ausführung erheblich überschritten wurde. Ein bedeutender Teil des ganzen Projektes ist bereits fertig gestellt und der Rest wird in nächster Zeit seiner Vollendung entgegengehen.

4. Die klimatischen Verhältnisse.

Zwei Dinge sind es vornehmlich, die bestimmend auf die Verhältnisse des landwirtschaftlichen Betriebes einwirken: der Boden, auf dem die Kulturpflanzen gedeihen, und das Klima. Sie sind die natürlichen Produktionsfaktoren der Landwirtschaft. Buchenberger hält den Einfluß des Klimas einer Gegend auf die Vegetation noch für einflußreicher als die jeweilige Bodenbeschaffenheit, deren Einseitigkeit und Mängel sich gegebenenfalls durch entsprechende Düngungsweisen abschwächen lassen[1]. Da jede Kulturpflanze zu ihrer Entwickelung einer bestimmten Menge an Feuchtigkeit und Wärme bedarf, so wird ihr Anbau nicht mehr lohnend sein, wo diese in nicht genügender Weise zur Verfügung stehen.

Wohl kein anderer Beruf ist von der Witterung in dem Maße abhängig, wie der des praktischen Landwirtes. Kaum ist zur Zeit der Bestellung die Saat dem mit vieler Mühe und Kosten vorbereiteten Boden anvertraut, da beginnt für den Landwirt schon die Sorge um ein günstiges Wachstum und Gedeihen der jungen Frucht; weiß er selbst doch nur zu genau, daß alle seine Sorgen und Mühen vergeblich sind, wenn Regen, Wind und Sonnenschein sein Tun nicht begünstigen. Und ist die Zeit der Ernte gekommen, dann ist die Sorge um eine günstige Witterung bedeutend größer; wie oft schweift dann der Blick zum Himmelsgewölbe, um zu erspähen, ob nicht von droben gegen seine Dispositionen Einspruch erhoben wird[2].

Schon von alters her war das Bestreben des Landwirts darauf gerichtet, die Witterung im voraus zu beurteilen, um danach seine Anordnungen zur Erledigung der landwirtschaftlichen Arbeiten treffen zu können. Durch langjährige, aufmerksame Beobachtung glaubte man gewisse Gesetzmäßigkeiten in den Witterungsverhältnissen festgestellt zu haben; dies spricht sich am deutlichsten in den oft drastischen Bauern- und Wetterregeln aus. Allerlei Anzeichen, denen der Stadtbewohner meist kaum Beachtung schenkt, wie die Wolkenbildung am Himmelsgewölbe, besonders zur Zeit des Sonnenauf- und -Unterganges, und das Gebaren der Tierwelt bedeuten für den an diese Erscheinungen von Jugend auf gewohnten Landwirt Fingerzeige für die kommende Witterung. Wenn man bedenkt, daß kein zweiter Stand in seinem Erwerbsleben von der Witterung so abhängig ist, so ist es ja auch ganz natürlich, daß der Landwirt sich nach Möglich-

---

[1] A. Buchenberger, Agrarwesen und Agrarpolitik, Bd. I, S. 13.

[2] Dr. Paul Thiele: Deutschlands landwirtschaftliche Klimatographie, S. 1ff.

keit vor den Folgen zu schützen sucht, die er als Nächstbeteiligter immer am eigenen Leibe verspürt.

In neuerer Zeit sucht man die Erfolge, die die meteorologische Wissenschaft in der Erforschung der Witterungsverhältnisse gezeitigt hat, der Landwirtschaft nutzbar zu machen. Zu diesem Zwecke sind, wie bekannt, in Deutschland eine Reihe von Wetterdienststellen eingerichtet, die auf Grund der ihnen telegraphisch mitgeteilten Wetterbeobachtungen aus ganz Europa die voraussichtliche Witterung des betreffenden Bezirkes für den nächsten Tag feststellen. Diese Vorhersagen werden sämtlichen Telegraphenanstalten des betreffenden Bezirkes übermittelt, und bei diesen öffentlich ausgehängt; auch sind sie gegen mäßige Gebühren durch die Post zu beziehen oder telephonisch zu erfragen. Im allgemeinen darf man behaupten, daß die deutschen Landwirte ihr anfängliches Mißtrauen gegen diese Wetterberichte aufgegeben haben und jetzt ihre Anordnungen schon vielfach nach ihnen treffen.

Das Klima eines Ortes ist einmal durch seine geographische Lage und zweitens durch seine Höhenlage bedingt. Im Verhältnis zur geographischen Lage wird man das Klima unseres Bezirkes als ein sehr günstiges bezeichnen können. Die geringe Erhebung über dem Meeresspiegel, sowie die nicht sehr große Entfernung von der Nordsee, die offene Lage des Landes und die durchschnittlich starke Bewölkung des Himmels bewirken, daß die absoluten Extreme einer starken Kälte und einer übermäßigen Hitze hier durchweg geringer sind als in manchen anderen, selbst südlicher gelegenen Landesteilen.

Die Kulturpflanzen stellen während der verschiedenen Wachstumsperioden verschiedene Ansprüche an die Witterung, so daß zu bestimmten Zeiten besonders die Wärme, zu anderen wieder die Niederschlagsmengen entscheidend für die Höhe der Erträge, sowie überhaupt für den Anbau der betreffenden Kulturpflanzen sind. Von großer Bedeutung für die Beurteilung der natürlichen Grundlagen der Landwirtschaft sind deshalb die Resultate der in längeren Zeiträumen durchgeführten meteorologischen Beobachtungen.

In unserem Bezirke wurde in Essen im Jahre 1903 eine meteorologische Station zweiter Ordnung eingerichtet, die dem preußisch meteorologischen Institut zu Berlin untersteht[1]. Da die Beobachtungen dieser Station sich erst auf verhältnismäßig wenige Jahre beschränken und somit für eine allgemeine Beurteilung der klimatischen Verhältnisse nicht gut herangezogen werden können, so greifen wir auf die Resultate der auf den Stationen Cleve und Cöln gemachten Beobachtungen zurück.

Die mittleren Temperaturen und die durchschnittlichen Niederschlagsmengen betrugen in 38 Beobachtungsjahren:

---

[1] Handschriftliche Mitteilung der Meteorologischen Station der Stadt Essen.

Zeitbestimmung	in Cleve		in Cöln		im Mittel	
	mittlere Temp. in °C	durchschn. Niederschlag in mm	mittlere Temp. in °C	durchschn. Niederschlag in mm	mittlere Temp. in °C	durchschn. Niederschlag in mm
Januar	1,6	66	1,8	44	1,7	55
Februar	2,8	58	3,6	41	3,2	50
März	4,1	57	5,3	39	4,7	48
April	8,3	50	9,7	44	9,0	47
Mai	12,1	64	13,7	52	12,9	58
Juni	16,0	66	17,1	62	16,6	64
Juli	17,4	84	18,7	67	18,0	76
August	16,8	82	18,1	64	17,4	73
September . . .	13,5	60	15,3	46	14,4	53
Oktober	9,5	69	10,6	48	10,0	58
November . . .	4,5	68	5,5	52	5,0	60
Dezember . . .	2,1	71	2,7	47	2,4	59
Jahresdurchschnitt	9,1	795	10,1	606	9,6	700

Wie aus obiger Tabelle ersichtlich, ist die mittlere Temperatur in Cöln um 1 Grad höher als in Cleve, während die Niederschläge in Cleve stärker sind. Da unser Gebiet ungefähr in der Mitte zwischen Cleve und Cöln liegt, so wird das arithmetische Mittel aus den oben genannten Zahlen die annähernden Durchschnittswerte für unser Gebiet darstellen und wir würden demnach in unserem Bezirke mit einer mittleren Jahrestemperatur von 9,6° C und einer durchschnittlichen Niederschlagsmenge von 700 mm zu rechnen haben.

Das Klima des Bezirkes ist im allgemeinen ein mittleres und feuchtes, ebenso weit entfernt von großer Hitze wie von übermäßiger Kälte. Von den einzelnen Monaten ist der Juli der heißeste und der Januar der kälteste.

Das Frühjahr weist im allgemeinen eine ziemlich niedrige Temperatur auf. Die Bestellung beginnt gewöhnlich Ende März oder Anfang April und der Viehaustrieb erfolgt gewöhnlich am 1. Mai. Leider treten auch in unserem Bezirke in einzelnen Jahren die von den Landwirten mit Recht so gefürchteten Spätfröste auf. Durch das oft schon im Februar einsetzende milde Frühlingswetter wird in den Pflanzen eine ungewöhnlich frühe Saftbewegung hervorgerufen, so daß in der Regel die ganze Vegetation Ende April schon verhältnismäßig weit vorgeschritten ist. Dann tritt zur Zeit der „gestrengen Herren“ (11. bis 13. Mai) gewöhnlich ein Umschlag in der Witterung ein. Die durch nördliche Luftströme hervorgerufene Depression der Temperatur verursacht in dem nach Norden ganz offenen Lande die empfindlichsten Störungen und richtet bisweilen in einer einzigen Nacht die frohen Aussichten auf eine reichliche Ernte gänzlich zugrunde.

Im Sommer sind Gewitter in unserem Bezirke ziemlich häufig; sie nehmen bis zum Juli gewöhnlich zu und dann rasch wieder ab. Die meisten kommen aus dem Westen; die aus dem Osten kommenden Gewitter sind von dem Landmanne als Hagelbringer stets gefürchtet;

doch sind Hagelschäden seit Jahrzehnten gar nicht oder doch nur in ganz geringem Umfange vorgekommen. Während die Sommermonate durchweg sehr niederschlagsreich sind, ist der Herbst meist trocken und warm. Dadurch wird es ermöglicht, daß die Herbstbestellung oft noch bis in den September hinein erfolgen kann.

Der Winter ist in unserem Bezirke durchweg ziemlich milde. Gewöhnlich treten nur zwei oder drei kurze Frostperioden ein, um alsbald wieder einem meist plötzlich einsetzenden Tauwetter Platz zu machen. Die Unbeständigkeit des Wetters, besonders der schnelle Wechsel der Temperaturverhältnisse, bringt den Wintersaaten oft großen Schaden, da Roggen und Weizen dann stark auswintern.

B. Die wirtschaftlichen Grundlagen.

1. Die Bevölkerungsverhältnisse.

Eines der sichersten Merkmale für die Beurteilung der verhältnismäßigen Höhe der wirtschaftlichen Entwickelung einer bestimmten Gegend bieten die Bevölkerungsverhältnisse. Es wird deshalb bei einer Untersuchung der wirtschaftlichen Zustände eines Landes in erster Linie festzustellen sein, ob und in welchem Maße eine Bevölkerungszunahme stattfindet, denn nur bei einer wachsenden Bevölkerung ist die Möglichkeit geboten, die vorhandenen Produktionsgelegenheiten voll auszunützen. Eine aufwärtssteigende Bevölkerungsbewegung beeinflußt die Art und Größe der Gütererzeugung und Güterbewegung und ist deshalb der wirksamste Träger des Fortschritts.

Der gewaltige Aufschwung des Kohlenbergbaues und der Eisenindustrie im Ruhrgebiet erforderte naturgemäß eine entsprechende Vermehrung der Arbeitskräfte, die, da das eigene Gebiet diese Anforderungen nicht befriedigen konnte, angelockt durch die hohen Löhne, in gewaltigen Massen von auswärts zuströmten. So sehen wir denn hier eine so gewaltige Zunahme der Bevölkerung innerhalb eines verhältnismäßig kurzen Zeitraumes, wie sie fast beispielslos dasteht.

Nachstehende Tabelle zeigt uns die Einwohnerzahl der wichtigsten Orte unseres Bezirkes für verschiedene Jahre, wobei jedoch zu beachten ist, daß in den angegebenen Zahlen der durch Eingemeindung erfolgte Bevölkerungszuwachs mitenthalten ist[1].

---

[1] Die Zahlen für 1816 sind aus der Statistik und Topographie des Reg.-Bez. Düsseldorf von Dr. I. G. von Viebahn, Düsseldorf 1836, S. 91, die Zahlen für 1845 aus der topographisch-statistischen Beschreibung und Verwaltungsübersicht des Kreises Duisburg vom Jahre 1845, S. 5—7, die Zahlen für 1875 aus Brunkow, Die Wohnplätze des Deutschen Reiches, und die Zahlen für 1905 und 1910 aus Königs Städte-Lexikon entnommen.

Die Einwohnerzahl betrug:

Ortschaft	1816	1845	1875	1905	1910
1. Essen	4661	7547	54790	231360	294629
2. Borbeck	—	1175	3474	59553	71127
3. Altenessen . . .	—	926	12658	33416	40682
4. Stoppenberg . . .	—	550	2694	8907	11923
5. Steele	—	2342	5920	12988	14490
6. Werden	2424	5149	6746	10029	12741
7. Kettwig	1620	2752	3214	6097	6742
8. Mülheim	5210	10098	21402	93599	112362
9. Duisburg	4508	8053	22958	192346	229463
10. Ruhrort	1443	3483	9051		
11. Dinslaken	1042	1780	2453	6031	8324
12. Holten	—	835	895	3200	5898
13. Hamborn	—	—	968	67453	103372
14. Sterkrade	—	1734	5215	21205	34530
15. Oberhausen . . .	—	—	15476	52166	89897

Wie schon bemerkt, ist die Vergleichbarkeit vorstehender Zahlen für die größeren Stätte wie Essen, Mülheim a. d. Ruhr und Duisburg durch die infolge der Eingemeindungen eingetretenen Gebietsverschiebungen stark beeinträchtigt; naturgemäß ist jedoch, auch abgesehen hiervon, in diesen Brennpunkten des industriellen Verkehrs, die Bevölkerungszunahme am stärksten. Am meisten fällt der gewaltige Zuwachs auf, den verschiedene Orte im nördlichen Teile unseres Bezirkes in den letzten Jahrzehnten erfahren haben, so insbesondere Hamborn, das vor 35 Jahren eine Gemeinde von noch nicht 1000 Einwohnern war und heute bereits die Einwohnerzahl einer Großstadt besitzt. Eine ähnliche, wenn auch nicht ganz so rapide Entwickelung zeigen Borbeck, Altenessen, Sterkrade und Oberhausen, während die südlichen Städte wie Werden und Kettwig, die an der Grenze des Kohlenvorkommens liegen, eine mehr ruhige und stete Entwickelung durchgemacht haben.

Den Löwenanteil am Bevölkerungszuwachs haben naturgemäß die Fabrikzentren aufzuweisen, und es würde dies noch stärker hervortreten, wenn es gelänge, sie von den mehr landwirtschaftlichen Teilen der Ortschaften zu scheiden. Das ist indes in unserem Gebiete schon deshalb nicht gut angängig, weil die Industrie und insbesondere der Bergbau über das ganze Land zerstreut ist und sich nicht auf die Städte und Dörfer konzentriert.

Aus nebenstehender Tabelle ergibt sich, daß der südöstliche Teil unseres Bezirkes, insbesondere der Stadtkreis Essen, am dichtesten bevölkert ist, während im nördlichen Teile, insbesondere im jetzigen Kreise Dinslaken, eine wesentlich schwächere Bevölkerung vorhanden ist. Es ist jedoch hierbei zu beachten, daß der südöstliche und mittlere Teil des Bezirkes schon einen älteren Kohlenbergbau besitzt, während der nördliche erst in der Entwicklung begriffen ist und deshalb nur in jüngster Zeit eine rapide Zunahme der Bevölkerung zu verzeichnen hat.

In den einzelnen Kreisen unseres Bezirkes ergeben sich nach den Volkszählungen von 1871, 1895 und 1905 folgende Verhältnisse:

Bezeichnung der Kreise	Zählungsjahr	Flächeninhalt ha	Ortsanwesende Bevölkerung	Bewohner pro qkm
Stadtkreis Duisburg	1871	3753,3	30533	813,5
	1895		70272	1872,3
	1905	3932,7	192346	4890,5
Mülheim a. d. Ruhr (Stadt u. Land	1871	10175,8	58427	5724,
	1895		114897	1129,1
	1905	8874,2	128287	1445,6
Ruhrort (Dinslaken)	1871	32955,6	48535	147,3
	1895		99141	300,8
	1905	32775,6	129180	394,1
Stadtkreis Oberhausen	1905[1])	1308,8	52166	3985,2
Stadtkreis Essen	1871	917,5	51513	5614,5
	1895		96128	10477,2
	1905	1928,2	231360	12000,0
Landkreis Essen	1871	18926,1	83523	441,3
	1895		197949	1045,9
	1905	18229,1	244486	1341,2
Insgesamt	1871	66728,6	272531	408,4
	1895		578387	866,7
	1905	67048,6	977825	1465,0

Nach der Volkszählung vom 1. Dezember 1910 betrug die Einwohnerzahl:

Duisburg	228582
Mülheim a. d. Ruhr	112285
Oberhausen	89910
Dinslaken	180522
Essen-Stadt	294629
Essen-Land	276867
Insgesamt	1182795

Leider ist es nicht zulässig, die einzelnen Kreise hinsichtlich ihrer Bevölkerungszunahme in den letzten Jahrzehnten einander gegenüber zu stellen, da die Vergleichbarkeit der meisten Zahlen durch Gebietsverschiebungen verschwindet. Unter Zugrundelegung der von Viebahn und Mülmann gemachten Angaben in Verbindung mit

[1] Die Zahlen für 1871 und 1895 sind in den Angaben für Mülheim a. d. Ruhr mitenthalten.

der neueren Statistik ist es möglich, die Entwickelung des ganzen Bezirkes seit dem Jahre 1792 zu verfolgen.

Die Einwohnerzahl im Gebiete des alten Kreises Duisburg betrug demnach:

Jahr	Einwohnerzahl	Bewohner pro qkm
1792	49932	77
1816	59365	92
1835	79158	124
1845	102963	155
1861	175868	264
1871	272531	408
1895	578387	867
1905	977825	1465
1910	1182795	1765

Um einen Vergleich zu ermöglichen, wie sich unser Bezirk im Verhältnis zu den übrigen Kreisen des Bezirkes Düsseldorf entwickelt hat, möge hier eine Tabelle über die Volksdichte im 19. Jahrhundert Platz finden.[1]

Die Anzahl der Einwohner pro qkm betrug:

Kreise	1816	1835	1849	1855	1871	1905
Duisburg	92	124	171	216	408	1465
Rees	72	89	105	111	111	130
Cleve	81	88	98	98	94	110
Geldern	69	79	89	93	97	115
Kempen	114	133	157	179	211	227
Krefeld	140	193	282	335	459	860
Neuß	94	111	126	134	150	196
Düsseldorf	127	161	199	216	282	903
Gladbach	168	200	246	286	417	867
Grevenbroich	119	133	147	156	163	185
Lennep	142	188	220	235	271	473
Solingen	147	188	227	251	315	624
Elberfeld	234	325	423	462	658	1465

Der alte Kreis Duisburg, der zu Anfang des vorigen Jahrhunderts noch zu den am schwächsten bevölkerten Kreisen des Bezirkes gehörte, ist im Jahre 1905 mit an die erste Stelle gerückt, und nur der Kreis Elberfeld hat eine gleiche Volksdichte aufzuweisen.

„Das wichtigste Ergebnis", so führt Ehrenberg aus, „ist das abnorm starke Aufrücken des alten Kreises Duisburg, der 1816 und 1835 noch mitten zwischen den agrarischen Kreisen seine Stelle hatte und 1849 nur an die Obergrenze heraufgerückt war, jetzt dagegen der am dichtesten bevölkerte des Bezirkes geworden ist. Eine solche Zunahme der Volksdichte von 171 (1849) auf 1465 (1905) in 56 Jahren ist selbst in unserer Zeit eine ganz seltene Erscheinung, zumal bei

[1] R. Ehrenberg, Archiv für exakte Wirtschaftsforschung. Jena 1909. 3. S. 7.

Zugrundelegung einer so ansehnlichen Fläche von 670 qkm, welche über zehnmal so groß ist wie das Gebiet der Stadt Berlin."[1]

Vergleichen wir die mehr industriellen und in bezug auf Volksdichte am schnellsten fortgeschrittenen Kreise des Bezirkes Düsseldorf miteinander, so ergibt sich folgende jährliche Zunahme:

Alte Kreise	1816—1835 %	1835—1849 %	1849—1871 %	1871—1905 %
Duisburg	1,79	2,72	4,30	7,62
Elberfeld	1,94	2,16	1,52	3,27
Krefeld	1,91	3,27	3,17	2,56
Gladbach	0,92	1,67	2,69	3,18

Vorstehende Tabelle läßt so recht erkennen, daß das gewaltige Anwachsen der Bevölkerung unseres Kreises erst in den letzten Jahrzehnten erfolgt ist, wo die jährliche Zunahme mehr als das Doppelte wie in den anderen Kreisen des Bezirkes beträgt. Ziehen wir zum Vergleich andere Teile des Reiches heran, so finden wir, daß im Jahre 1905 die Volksdichte des Reiches 112,1, die Preußens 106,9, die Bayerns 86,0, die Württembergs 118,0 und die Sachsens 300,7 pro qkm betrug. Es lebten demnach im Jahre 1905 in unserem Gebiete auf dem gleichen Flächenraum die 13fache Anzahl Menschen wie durchschnittlich im Deutschen Reiche, dagegen die 17fache wie in Bayern und annähernd die 5fache wie im industriellen Königreich Sachsen.

Kann man schon aus der Bevölkerungsbewegung Schlüsse auf die sozialen und wirtschaftlichen Verhältnisse eines Gebietes ziehen, so würde doch ein Urteil, das sich einzig und allein hierauf gründen wollte, nicht unanfechtbar sein. Eine genauere und richtigere Beurteilung ermöglicht erst die Berufsstatistik. Die Verteilung der Bevölkerung nach Berufskreisen, die Stellung im Beruf und die Verschiebungen, die sich im Laufe der Zeit hierin vollzogen haben, geben erst ein deutliches Bild von den jeweiligen wirtschaftlichen Zuständen. So springt sofort die Erscheinung in die Augen, daß in unserem Gebiete die der Landwirtschaft zugehörige Bevölkerung im Laufe der Zeit an prozentualer Bedeutung ganz erheblich eingebüßt hat.

Überall dort, wo neue Zechen angelegt werden — und das geschieht meistens in den bisher überwiegend landwirtschaftlichen Teilen — entstehen Arbeiterkolonien. Die landwirtschaftlich tätige Bevölkerung wird aus ihrer Position verdrängt und die industrielle und gewerbetreibende tritt an ihre Stelle. So kommt es denn, daß die landwirtschaftliche Bevölkerung an dem enormen Zuwachs nicht nur keinen Anteil gehabt hat, sondern im Gegenteil ständig zurückgegangen ist.

Nachstehende Tabelle über die Berufsgliederung nach den Zählungen von 1882, 1895 und 1907 führt das deutlich vor Augen.

---

[1] R. Ehrenberg, Archiv 3. S. 7.

Bezeichnung der Kreise	Jahr	Ortsanwesende Bevölkerung	Dem Hauptberuf nach gehören zu den Hauptberufsarten A Bodennutzung und Tierzucht	B Industrie und Gewerbe	C Handel und Verkehr	D—F Häusl. Dienste und freie Berufe
Stadtkreis Duisburg	1882	42238	1278	26647	7695	6618
	1895	69380	1133	45924	14870	7453
	1907	204283	2057	135994	42715	23517
Mülheim a. d. Ruhr (Stadt und Land)	1882	135114	16187	81918	21936	15073
	1895	113448	4703	75842	19405	13498
	1907	134098	3561	88858	21606	20073
Ruhrort (Dinslaken)	1895 [1]	97182	12343	61262	14489	9088
	1907	145112	8813	107342	12502	16455
Stadtkreis Essen	1882	60087	281	42945	9125	7736
	1895	93933	384	66641	15072	11836
	1907	242167	1122	167635	35241	38167
Landkreis Essen	1882	121849	7158	90688	8581	15422
	1895	194123	7031	146023	17308	23761
	1907	262363	5999	194609	25037	36618
Oberhausen	1907 [2]	55962	217	39994	9021	6728
Insgesamt	1882	359288	24904	242198	47337	44849
	1895	568066	25594	395692	81144	65636
	1907	1043985	21769	734432	146122	141558

Von je 100 der Berufsbevölkerung gehören zu den Hauptberufsarten:

Bezeichnung der Kreise	Jahr	A Bodennutzung u. Tierzucht	B Industrie und Gewerbe	C Handel u. Verkehr	D—F Häusliche Dienste u. freie Berufe
Stadtkreis Duisburg	1882	3	63	18	16
	1895	2	66	21	11
	1907	1	67	21	11
Mülheim a. d. Ruhr (Stadt und Land)	1882	12	61	16	11
	1895	4	67	17	12
	1907	3	66	16	15
Ruhrort (Dinslaken)	1895	13	63	15	9
	1907	6	74	9	11
Stadtkreis Essen	1882	1	71	15	13
	1895	1	71	16	12
	1907	1	69	15	15
Landkreis Essen	1882	6	74	7	13
	1895	4	75	9	12
	1907	2	74	10	14
Oberhausen	1907	1	71	16	12
Insgesamt	1882	7	67	13	13
	1895	4	70	14	12
	1907	2	71	14	13

[1] Die Zahlen für 1882 sind in den Angaben für Mülheim a. d. Ruhr mit enthalten.
[2] Die Zahlen für 1882 und 1895 sind in den Angaben für Mülheim a. d. Ruhr mitenthalten.

Aus der vorstehenden Tabelle ergibt sich, daß der Anteil der landwirtschaftlichen Bevölkerung unseres Gebietes von 7 % im Jahre 1882 auf 4 % im Jahre 1895 und auf 2 % im Jahre 1907 zurückgegangen ist, während der Anteil der industriellen und gewerblichen Berufe in dem gleichen Zeitraum von 67 auf 70 und 71 % gestiegen ist. Da die übrigen Berufsarten mit der Bevölkerungszunahme gleichen Schritt gehalten haben, so ist fast der ganze Verlust, den die landwirtschaftliche Berufsbevölkerung erlitten hat, der industriellen und gewerblichen zugute gekommen.

Auch ein Vergleich mit anderen deutschen Landesteilen zeigt das auffallende Mißverhältnis in der landwirtschaftlichen Berufsbevölkerung zur Gesamtbevölkerung; denn nach der Berufszählung von 1907 betrug der Anteil der landwirtschaftlichen Bevölkerung am gesamten Volksbestande in Preußen 28,6 %, in Bayern 40,3 %, in Württemberg 37,0 % und im Königreich Sachsen 10,7 %, während wir in unserem Gebiete nur etwa 2 % haben. Indes nicht nur prozentual, sondern auch absolut ist die landwirtschaftliche Bevölkerung seit dem Jahre 1895 zurückgegangen. In diesem Jahre wurden noch 25594 Personen gezählt, die dem Hauptberufe nach zur Landwirtschaft gehören, während es im Jahre 1907 nur 21789 waren. Das bedeutet einen Verlust von 3825 Personen oder rund 17 % der landwirtschaftlichen Berufsbevölkerung in einem Zeitraum von 12 Jahren, während die beiden anderen großen Erwerbszweige Industrie und Handel in der gleichen Zeit eine Zunahme von 338731 und 64978 oder rund 85 % bzw. 80 % ihrer Bevölkerung zu verzeichnen hatten.

Etwas anders gestaltet sich das Bild, wenn man nicht nur die im Hauptberuf, sondern auch die im Nebenberuf in der Landwirtschaft tätigen Personen ins Auge faßt.

Nach der Berufszählung von 1895 gehörten zur Landwirtschaft: a) im Hauptberuf, b) im Nebenberuf:

Kreise	Personen überhaupt	Erwerbstätige	Dienende	Angehörige
Duisburg a)	710	300	32	873
„ b)	2031	2031	—	—
Mülheim a. d. Ruhr a)	4392	1753	199	2440
„ b)	9752	9752	—	—
Ruhrort a)	11869	4642	375	6852
„ b)	8103	8103	—	—
Essen-Stadt a)	91	55	2	34
„ b)	957	957	—	—
Essen-Land a)	6444	3044	402	2998
„ b)	26208	26208	—	—
Insgesamt a)	23506	9794	1010	12702
„ b)	47051	47051	—	—

Von den Erwerbstätigen waren:

Kreise	Selbständige	Verwaltungs- u. Aufsichtspersonal	Familienangehörige	Landw. Knechte und Mägde	Landw. Tagelöhner mit eigenes oder gepachtetes Land	Landw. Tagelöhner ohne eigenes oder gepachtetes Land
Duisburg a)	99	2	51	64	14	70
„ b)	1887	2	130	13	8	—
Mülheim a. d. Ruhr a)	479	12	238	512	202	310
„ b)	8031	—	1552	151	13	5
Ruhrort a).	1684	10	1364	989	261	334
„ b).	6643	—	1157	263	25	15
Essen-Stadt a)	14	2	2	13	2	22
„ b)	876	—	73	5	—	3
Essen-Land a)	852	20	419	1434	117	202
„ b)	22813	1	3064	307	9	114
Insgesamt a)	3128	46	2074	3012	596	938
„ b)	40250	2	5976	739	47	37

Nach der Berufs- und Betriebszählung vom 12. Juli 1907 gehörten der Land- und Forstwirtschaft an:

Kreise	Hauptberuf		Nebenberuf		Angehörige
	m.	w.	m.	w.	
Duisburg	669	151	573	709	1237
Oberhausen	79	22	280	276	116
Mülheim-Stadt . . .	559	343	4433	3794	902
Mülheim-Land . . .	430	771	3010	2434	556
Dinslaken	2646	2329	2988	3403	3838
Essen-Stadt	457	118	441	420	547
Essen-Land	2013	1323	12826	14941	2663
Insgesamt	6853	5057	24551	25977	9859

Am auffallendsten erscheint in den vorstehenden Tabellen die große Zahl derjenigen, die im Nebenberuf in der Landwirtschaft tätig sind, und die der Zahl nach die hauptberuflich Tätigen um mehr als das Doppelte übertreffen. Dem Hauptberuf nach sind sie vorzugsweise Industrie- oder Bergarbeiter. Besonders die letzteren finden bei der günstigen Arbeitszeit im Bergbaubetriebe reichlich Zeit, nebenher ein Stück Land zu bewirtschaften. In Gegenden mit älterem Bergbau, besonders in den Kreisen Mülheim a. d. Ruhr und Essen, besitzen vielfach die Bergarbeiter ein Häuschen mit einigen Morgen Land; in anderen Gegenden, wo die Verhältnisse weniger günstig liegen, ist den Arbeitern immer noch Gelegenheit geboten, ein Stück Land zu pachten.

Wie aus der Berufsstatistik (vgl. vorhergehende Seite) hervorgeht, hat die Zahl der nebenberuflich in der Landwirtschaft Erwerbstätigen in dem Zeitraume von 1895 bis 1907 um 3477 Personen zugenommen.

Endlich mögen noch einige Angaben aus älteren Berufsstatistiken hier Platz finden. Im Jahre 1835 waren im Kreise Duisburg 14955, im Jahre 1845 20368 ansässige Familien nachgewiesen.[1] Hiervon gehörten dem Berufe nach an:

Im Jahre	Landwirtschaft				Handel und Industrie				Beamte, Rentiers, Arme	
	Selbständige	Arbeiter	Zusammen	%	Selbständige	Arbeiter	Zusammen	%	Zusammen	%
1833	2010	2515	4525	30,0	4330	4645	8975	60,0	1455	10,0
1845	2613	2968	5581	27,5	5720	7126	12846	63,0	1941	9,5

Man ersieht hieraus, daß die landwirtschaftliche Berufsbevölkerung in unserem Gebiete vor etwa 70 Jahren den gleichen Anteil am gesamten Volksbestande hatte, wie ihn jetzt im Durchschnitt das Königreich Preußen aufweist, nämlich 28,6%.

Überblicken wir die Bevölkerungsbewegung im rheinischen Ruhrkohlengebiet, so drängt sich die Erkenntnis auf, daß die Industrialisierung dieser Gegend bis hart an die äußerste Grenze vorgeschritten ist. Doch kann dieser Zustand vom volkswirtschaftlichen Standpunkte nicht als eine bedenkliche Erscheinung angesehen werden; denn die Landwirtschaft vermag auf dem ihr zur Verfügung stehenden Raume immer nur eine beschränkte Anzahl von Menschen aufzunehmen und zu ernähren, während die Industrie bei entsprechender Vermehrung der Betriebe eine immer wachsende Anzahl zu beschäftigen vermag. Andererseits kommt aber der durch die industrielle Bevölkerung geschaffene Markt der heimischen Landwirtschaft wieder zugute.

2. Die Verkehrsverhältnisse.

Bei der Bewertung des ländlichen Besitzes ist die Verkehrslage von großer Wichtigkeit, da günstige Verkehrsverhältnisse sowohl den Absatz der eigenen Erzeugnisse zu den höchsten Preisen ermöglichen, als auch den Bezug der für die Wirtschaft erforderlichen fremden Erzeugnisse erheblich verbilligen. Der gewaltige Aufschwung, den die Industrie im Ruhrbezirk genommen hat, brachte es mit sich, daß immer neue Verkehrswege geschaffen wurden. Ein dichtes Netz von Eisenbahnlinien überspannt jetzt den ganzen Ruhrkohlenbezirk. Im Jahre 1897 kamen auf 100 qkm Fläche in Deutschland 8,67 km Eisenbahnen, im Königreich Sachsen 16,09 km und im Ruhrbezirk 66,95 km.[2] Die Dichtigkeit des Bahnnetzes im Ruhrkohlengebiet ist demnach ungefähr achtmal größer als wie im ganzen Deutschen Reiche und noch annähernd viermal größer als in dem industriell hochentwickelten Königreich Sachsen. Die überragende Bedeutung,

[1] G. v. Viebahn, Statistik des Reg.-Bez. Düsseldorf. S. 194. — Topographisch-statistische Beschreibung des Kreises Duisburg für das Jahr 1845. S. 24.

[2] Köhne, „Produktion und Absatz“ in der Festschrift zum VIII. allgemeinen Bergmannstag 1900. S. 167.

welche die Eisenbahnen gegenüber anderen Transportwegen in neuerer Zeit gewonnen haben, zeigt am besten nachstehende Tabelle.

Von der Gesamtförderung an Kohlen im Ruhrbezirk wurden versandt:

im Jahre	zu Eisenbahn %	zu Wasser %	zu Lande %
1851	24,9	29,6	45,5
1860	55,1	16,7	20,7
1870	75,9	2,4	10,7
1880	80,37	0,13	4,45
1890	75,61	0,16	3,68

Die Güterbewegung an landwirtschaftlichen Erzeugnissen betrug[1] im niederrheinischen Ruhrrevier für das Jahr 1903 in Tonnen, beim Vieh in Stückzahl:

	Ausfuhr	Einfuhr
Weizen	9981	44576
Roggen	11659	47220
Hafer	8850	65416
Gerste	4111	30908
Kartoffeln	10035	186040
Mehl	28660	103482
Spiritus	1889	10342
Wolle	1568	2806
Zucker	59	1833
Pferde	3869	7806
Rindvieh	61693	230793
Schafe	3878	41746
Schweine	351337	845126
Geflügel	44672	71451
Düngemittel	212418	32637

Hieraus ergibt sich, daß die Einfuhr der landwirtschaftlichen Erzeugnisse die Ausfuhr bedeutend übersteigt. Eine Ausnahme machen nur die Düngemittel, die aber, da es sich wohl in erster Linie um die bei der Stahlfabrikation gewonnenen phosphorsäurehaltigen Dünger handelt, eigentlich als industrielle Erzeugnisse anzusprechen sind.

Auch landwirtschaftliche Produkte, die leichter dem Verderben ausgesetzt sind und deshalb einen lange dauernden Transport nicht gut vertragen, wie Gemüse, Butter und besonders Milch, werden aus den anstoßenden rein landwirtschaftlichen Gebieten des Niederrheines und des Münsterlandes täglich mit der Bahn in großen Mengen eingeführt.

Einen zweiten für unser Gebiet sehr wichtigen Verkehrsweg bildet der Rhein mit seinen bei Duisburg in großzügiger Weise angelegten Rheinhäfen. Der Hafenverkehr betrug in Tonnen[2]:

---

[1] Dr. Steinbrück, Das Verkehrswesen in Meitzen: Der Boden und die landwirtschaftlichen Verhältnisse des preußischen Staates. VIII, S. 192ff.

[2] W. Nasse, Der Rhein als Verkehrsstraße a. a. O. 102, S. 255.

im Jahre	in Duisburg	in Ruhrort
1872	1291652	1575048
1882	1020005	2017878
1892	1921009	3854546
1903	6240409	8337189

Es ist somit der Gesamtverkehr der Duisburg-Ruhrorter Häfen in einem Zeitraum von dreißig Jahren um mehr als das Fünffache gestiegen. Von den Gütern, die zum Versand gelangen, sind in erster Linie die Erzeugnisse des Kohlenbergbaues und der Eisenindustrie zu nennen, während hauptsächlich Eisenerze, Holz und Getreide zugeführt werden. Von landwirtschaftlichen Erzeugnissen wurden im Jahre 1903 zugeführt in Tonnen:

	Duisburg	Ruhrort
Weizen und Spelz	180963	3145
Roggen	200089	13039
Hafer	133287	44938
Gerste.	94105	16666
Anderes Getreide und Hülsenfrüchte	63099	2891

Infolge seiner vorzüglichen Hafenanlagen und seiner günstigen Bahnverbindungen mit dem rheinisch-westfälischen Industriegebiete ist im Laufe der letzten Jahrzehnte in Duisburg ein bedeutender Getreidehandel entstanden. Das ankommende Getreide ist durchweg ausländisches und stammt vorzugsweise aus Amerika, Rußland und Rumänien. Duisburg deckt mit seinem eingeführten Getreide fast den ganzen gewaltigen Bedarf des Ruhrgebietes.

Ein weiterer wichtiger Transportweg, der aber für unser Gebiet erst in nächster Zukunft in Betracht kommt, ist der im Bau befindliche Kanal vom Rheine nach Dortmund und hiermit der Anschluß an den Dortmund-Emskanal und den Ems-Weserkanal. Während auf den natürlichen und künstlichen Wasserstraßen der Großverkehr vorherrscht, dienen in erster Linie die Landstraßen und Kleinbahnen dem Lokal- und Kleinverkehr. Infolge der dichten Bebauung unseres Gebietes sind zahlreiche und gut ausgebaute Straßen vorhanden und alljährlich kommen neue Straßenbauten zur Ausführung, die es ermöglichen, die Industriezentren auf kürzestem Wege zu erreichen. Infolge der räumlich nicht allzu großen Entfernungen der einzelnen Ortschaften von den Hauptverkehrspunkten, werden die Landstraßen von der landwirtschaftlichen Bevölkerung für den Transport ihrer Produkte in erster Linie in Anspruch genommen. Die Straßenbahnen, die auch fast jede Ortschaft mit der nächsten Stadt und diese wieder unter sich verbinden, sind für einen größeren Transport landwirtschaftlicher Produkte weniger geeignet und dienen hauptsächlich nur dem Personenverkehr.

3. Die Preisverhältnisse.

Über die Preisbewegung der wichtigsten Getreidearten seit dem Jahre 1816 gibt nachstehende Tabelle Aufschluß. In Preußen kostete die Tonne à 1000 kg in Mark[1]:

Zeitraum	Weizen	Roggen	Hafer	Gerste
1816—1820	206,2	151,8	129,8	131,4
1821—1830	121,4	126,8	79,8	76,6
1831—1840	138,4	100,6	91,6	87,6
1841—1850	167,8	123,0	100,6	111,2
1851—1860	211,4	165,4	144,0	150,2
1861—1870	204,6	154,6	140,2	146,0
1871—1875	135,2	179,2	163,2	170,8
1876—1880	211,2	166,4	152,6	162,0
1881—1885	189,0	160,0	145,8	154,8
1886—1890	173,9	143,0	135,2	138,4
1891—1895	165,5	148,5	143,0	142,5
1896—1900	160,9	134,9	135,1	137,9
1901—1905	163,9	138,2	140,9	140,7
1906	173,4	154,0	159,0	149,9
1907	200,3	185,0	178,5	189,2
1908	204,0	180,0	161,0	168,0
1909	226,0	171,0	176,0	184,0
1910	204,0	150,0	158,0	168,0
1911	199,0	163,0	174,0	188,0

Als die Getreidepreise um die Mitte der 20er Jahre des vorigen Jahrhunderts sehr stark gefallen waren — der Weizen sank im Jahre 1815 auf 81,6, der Roggen auf 51,5 Mark pro Tonne herab — stiegen sie in der Folge bis zur Mitte der 70er Jahre ziemlich ununterbrochen. Die Periode von 1850—1875 kann als die beste Zeit angesehen werden, welche die deutsche Landwirtschaft je erlebt hat. Infolge dieser für die Landwirtschaft günstigen Verhältnisse waren die Bodenpreise stark gestiegen. Man rechnete vielfach mit einer immer weiter steigenden Prosperität und bezahlte die Grundstücke nicht nach ihrem augenblicklichen Ertragswert, sondern nach dem zukünftigen Wert. Eine Folge davon war, daß sehr viele Güter über das erlaubte Maß hinaus verschuldeten. Als dann Deutschland, gezwungen durch seine starke Bevölkerungszunahme und die fortschreitende Industrialisierung, dazu überging, statt wie bisher Getreide auszuführen, solches einzuführen, brach für die deutsche Landwirtschaft eine Krisis herein. Die ungeahnte Entwickelung des Verkehrswesens erleichterte und verbilligte die Einfuhr gewaltig, und da die beiden Hauptausfuhrländer, Rußland und Amerika, Getreide weit billiger zu produzieren vermochten als die heimische Landwirtschaft, war ein rapides Sinken der Getreidepreise die notwendige Folge. Auch die Einführung der Getreidezölle im Jahre 1879 hielt das Sinken der Getreidepreise nicht auf, und erst nach dem neuen Zolltarif vom Jahre 1902 erreichten sie allmählich wieder die normale Höhe.

[1] Conrad, Art. „Agrarkrisis" in Handwörterbuch der Staatswissenschaften. 3. Aufl. Bd. I. S. 215.

Ein Glück für einen großen Teil der deutschen Landwirtschaft war es, daß die Preise für die tierischen Produkte zu Ende des vorigen Jahrhunderts nicht von einem ähnlichen Schicksal betroffen wurden wie die Getreidepreise. Die Preise für Fleischwaren und sonstige tierische Erzeugnisse stiegen seit dem Anfange des vorigen Jahrhunderts ununterbrochen weiter.

Es betrug der Preis pro kg in Pfennigen[1]:

Zeitraum	Rindfleisch	Butter
1821—1830	46	102
1841—1850	56	120
1871—1880	110	224
1891—1900	126	220

Die deutsche Landwirtschaft und besonders die des westlichen Deutschlands wurde durch den Umstand, daß die tierischen Erzeugnisse bei sinkenden Getreidepreisen immer weiter stiegen, dahin gedrängt, daß sie mehr Gewicht auf die Viehhaltung und den Futterbau legte.

Zu einem Vergleich, wie sich die Preise der wichtigsten landwirtschaftlichen Produkte im rheinischen Ruhrkohlengebiet zu den Durchschnittspreisen der Provinz und des Staates verhalten, möge nachstehende Tabelle dienen.

Die Durchschnittspreise für das Jahr 1909 betrugen pro Tonne in Mark:[2]

Gegenstand	Essen	Duisburg	Rheinprovinz	Preuß. Staat
Weizen	236	232	231	226
Roggen	178	173	175	171
Braugerste	220	—	220	184
Futtergerste	134	139	143	155
Hafer	170	163	171	176
Kocherbsen	294	302	298	287
Bohnen	276	295	293	297
Linsen	250	278	313	332
Kartoffeln	77	85	78	64
Heu	86	108	92	77
Stroh	55	75	53	55
Rindfleisch	116	134	132	123

Die Durchschnittspreise im Kleinhandel für das Jahr 1909 betrugen in Pfennigen pro kg:[3]

Gegenstand	Essen	Duisburg	Rheinprovinz	Preuß. Staat
Rindfleisch	151	147	153	153
Kalbfleisch	182	179	175	170
Hammelfleisch	167	170	168	165
Schweinefleisch	171	178	181	160

[1] Landwirtschaftliche Zeitschrift für die Rheinprovinz. Jahrg. 1908, S. 681 und 682.
[2] Preußische Statistik 1910, 222, S. 78 u. 79.
[3] Preußische Statistik 1910, 222, S. 156 u. 157.

Gegenstand	Essen	Duisburg	Rheinprovinz	Preuß. Staat
Roßfleisch	83	82	82	73
Schinken (geräuchert) .	220	246	252	262
Speck (geräuchert). . .	181	181	181	184
Eßkartoffeln	10	10	10	8
Eßbutter	266	275	262	260
Eier (pro Schock) . . .	537	587	571	482
Vollmilch (pro Liter) .	20	20	20	19

Die Tabelle zeigt, daß diejenigen Erzeugnisse, welche die Landwirtschaft dieses Bezirkes selbst zum Verkauf produziert, wie Weizen, Roggen, Kartoffeln, frisches Fleisch, Butter, Eier und Milch, hier zu einem höheren Preise verwertet werden können als in den meisten anderen Teilen des preußischen Staates, daß dagegen die vielfach aus fremden Ländern bezogenen Produkte, für die die hiesigen Landwirte zum Teil selbst Abnehmer sind, wie Futtergerste, Hafer und geräucherte Fleischwaren, infolge der günstigen Verkehrsverhältnisse billiger bezogen werden können. Daß diese für die hiesige Landwirtschaft vorteilhaften Preisverhältnisse auch die Steigerung der Erträge günstig beeinflußt haben, dürfte nicht von der Hand zu weisen sein. Es wäre aber völlig verfehlt, wollte man auf diese Ursachen auch die mächtige Aufwärtsbewegung des Bodenpreises im Industriegebiete zurückführen. Hierfür sind vielmehr ganz andere Momente ausschlaggebend, die in letzter Linie auf das gewaltige Umsichgreifen der Industrie zurückzuführen sind.

Die Kaufpreise für ländliche Besitzungen betrugen pro ha[1]:

Zeitraum	Rheinprovinz	Westfalen	Preuß. Staat
1871/81	1808 Mk.	1262 Mk.	766 Mk.
1884/93	1972 „	1515 „	933 „

Obschon nach dieser Aufstellung die Grundstückspreise in der Rheinprovinz um mehr als das Doppelte die des preußischen Staates übertreffen, so bleiben sie gegen die Bodenwerte des Industriebezirkes noch weit zurück. Für einen Durchschnittspreis von 2000 Mark pro ha wird man im rheinischen Ruhrkohlengebiet kaum ein Gut kaufen können, auch selbst dann nicht, wenn es an der Peripherie des Kohlenvorkommens oder an einem sonstigen toten Punkt gelegen ist, wo es nach menschlicher Voraussicht für industrielle Zwecke niemals in Frage kommt.

Altkemper[2] macht bei der Aufstellung der Güter- und Parzellenpreise in den Kreisen Gelsenkirchen und Recklinghausen hinsichtlich ihrer örtlichen Lage eine Dreiteilung. Zur ersten Kategorie rechnet er diejenigen Bezirke, die industriell gesättigt sind, die zweite Abteilung umfaßt dasjenige Gebiet, wo die Industrie schon seit längerer Zeit

---

[1] Meitzen u. Grossmann, Der Boden und die landwirtschaftlichen Verhältnisse des Preußischen Staates. 1901, VI, S. 468 u. 469.

[2] Dr. Joh. Altkemper, Die Landwirtschaft in den Kreisen Recklinghausen und Gelsenkirchen. Bonn 1905 S. 96—99.

ansässig, gleichwohl noch einer größeren Ausdehnung fähig ist, und die letzte Gruppe bilden diejenigen Gebietsteile, in denen die Industrie, jüngeren Ursprungs, stark in der Entwickelung begriffen ist. Nach dieser Einteilung hat Altkemper für eine Reihe von Gütern und Einzelparzellen in den Kreisen Gelsenkirchen und Recklinghausen die tatsächlich erzielten Verkaufspreise zusammengestellt und gelangte dabei zu folgenden Ergebnissen. Es betrug der Durchschnittspreis eines ha

für Güter	für Parzellen	
17640 Mk.	27771 Mk.	in der 1. Gruppe
9966 „	12520 Mk.	in der 2. Gruppe
5073 „	5790 „	in der 3. Gruppe

Hieraus ergibt sich zweierlei, nämlich erstens, daß die Grundstückspreise in den industriell am stärksten entwickelten Gegenden am höchsten sind, und zweitens, daß die Preise für einzelne Parzellen im Verhältnisse weit höher sind als die Güterpreise. Irgendwelche Gesetzmäßigkeiten für die Höhe der Grundstückspreise einer bestimmten Gegend aus obigen Zahlen ableiten zu wollen, ist nicht angängig. Ebensowenig wie die Qualität des Bodens ist die Lage des Grundstückes für die Preishöhe allein ausschlaggebend. So werden oft Grundstücke in demselben Teile einer Gemarkung zu ganz verschiedenen Preisen verkauft. Im Kreise Essen wurden in den letzten Jahren drei benachbarte Bauernhöfe angekauft, von denen der erste etwa 90 Morgen groß mit 400000 Mark, der zweite 45 Morgen groß mit 135000 Mark und der dritte 50 Morgen groß mit 150000 Mark bezahlt wurde. Für die Anlage von Bergwerken kann dieses Gelände nicht in Frage kommen, da sich hier keine abbauwürdigen Kohlenflöze mehr vorfinden; wie man hört, soll es später für Parkanlagen Verwendung finden, wozu es sich sehr gut eignen würde, da es in einer hügeligen, romantischen Gegend liegt. Höhere Preise wie die hier gezahlten, also etwa 12000 bis 18000 Mark pro ha, werden aber auch für Güter, die inmitten zahlreicher Zechen liegen, selten ausgeworfen. Während die Fabrikbesitzer für die Anlage ihres Betriebes mit Vorliebe das Terrain vor den Toren der Städte wählen, geht der Bergbau aufs Land. Für den Bergwerksbesitzer sind für die Wahl des Platzes zu Neuanlagen von Zechen in erster Linie die unterirdischen Verhältnisse, wie Flözlagerungen usw., maßgebend. In der Regel kauft er einen günstig gelegenen Bauernhof an und errichtet darauf seinen bergbaulichen Betrieb sowie Beamten- und Arbeiterwohnungen. Um jede solche bergbauliche Anlage entsteht bald ein kleines wirtschaftliches Zentrum für sich. Gewerbetreibende, wie Wirte, Bäcker, Metzger, Kolonialwarenhändler siedeln sich in derselben Gegend an und die natürliche Folge davon ist, daß die Grundstückspreise im ganzen Umkreise erheblich steigen. Ist die Zechenverwaltung dann nach einigen Jahren gezwungen, die benachbarten Bauernhöfe wegen Bergschäden ebenfalls aufkaufen zu müssen, so muß sie in der Regel viel höhere Preise bezahlen, als es vor der Anlage der Zeche der Fall war. Infolge dieser Erfahrung gehen die größeren Bergwerksgesellschaften in neuerer Zeit mehr dazu über, vor Anlage des bergbaulichen Betriebes Ländereien in größerem Umfange zu erwerben. Sie beugen damit Schadenersatzansprüchen vor, unterbinden die Privatspekulation und sichern sich die Wertsteigerung des Bodens, die sie selbst verursacht haben.

Eine weitere hohe Wertsteigerung des Bodens wird durch seine Heranziehung als Baugelände verursacht. Sobald die Grundstücke Bauplatzqualität erlangt haben, steigen sie oft um das Vielfache ihres früheren Wertes. So sind dem Verfasser in den Kreisen Mülheim a. d. Ruhr und Essen verschiedene Fälle bekannt geworden, wo von Grundstückspekulanten größere Terrains zum Preise von ca. 30 Mark pro Quadratrute angekauft wurden. Nachdem dann ein Bebauungsplan über das Gelände entworfen und die Straßen danach zum Anbau fertiggestellt waren, wurden die Bauplätze zum Preise von 200 bis 300 Mark pro Quadratrute wieder verkauft, wobei die Kosten für den Straßenausbau noch besonders gerechnet wurden.

Daß der hohe Bodenwert der landwirtschaftlichen Grundstücke unseres Bezirkes zum Ertragswerte nicht mehr im richtigen Verhältnis steht, dürfte nach dem Vorhergehenden wohl einleuchten. Den zuverlässigsten Anhalt für die Ertragswerte der Grundstücke bieten die Pachtpreise. Unter Voraussetzung guter Bodenqualität betragen die Pachtpreise in den Kreisen Essen und Mülheim a. d. Ruhr durchschnittlich 100 bis 120 Mark pro ha. Nimmt man an, daß das Grundkapital mit $3^1/_3{}^0/_0$ zu verzinsen wäre, so würde sich der Ertragswert auf 3000 bis 3600 Mark pro ha stellen. Der Verkaufspreis der landwirtschaftlich benutzten Grundstücke wird hier mit mindestens 6000 bis 12000 Mark bewertet, so daß der Bodenwert den Ertragswert um das 2—4fache übertrifft. Die Industrie braucht beim Ankauf auf den landwirtschaftlichen Ertragswert im allgemeinen keine Rücksicht zu nehmen; für sie kommt in erster Linie nur die geeignete Beschaffenheit und die günstige Lage des Grundstückes in Frage. Für den Landwirt jedoch, der in dieser Gegend Grundstücke ankaufen will, liegen die Verhältnisse ganz anders. Ihm ist es bei diesen hohen Bodenpreisen selbst bei intensivster Bewirtschaftung wohl selten möglich, auch nur einen geringen Reinertrag zu erzielen, und in den meisten Fällen wird er nicht einmal seine Kosten decken können. Außer zum Zwecke der Spekulation werden deshalb von Landwirten selten Grundstücke angekauft; dagegen würden viele Besitzer mit Freuden zugreifen, wenn ihnen eine entsprechend gute Bezahlung für ihre Besitzung geboten wird. Derjenige Landwirt aber, welcher abseits von den industriellen Konzentrationspunkten wohnt oder dessen Besitz gar außerhalb des eigentlichen Industriegebietes liegt, hat absolut keinen Nutzen von den hohen Grundstückspreisen. Er kann vielfach weder Land verpachten, noch einen Bauplatz verkaufen und steht mit seinem Betriebe genau so gut oder so schlecht, wie sein Kollege in rein ländlichen Bezirken.

Zweiter Teil.

Die landwirtschaftlichen Verhältnisse.

A. Allgemeine Zustände.

1. Die Entwickelung der Landwirtschaft.

Als im Jahre 1823 durch königliche Kabinettsorder der Kreis Dinslaken dem Essener Kreise zugelegt wurde, welche vereinigt den Namen Kreis Duisburg annahmen, wurden Gebietsteile zu einer Einheit verschmolzen, deren geschichtliche und wirtschaftliche Entwickelung bisher eine ganz verschiedenartige gewesen war. Der Hauptort dieses etwa 670 qkm umfassenden Gebietes wurde die alte Hansestadt Duisburg, die schon im Jahre 1666 an Brandenburg gefallen war, nachdem sie bereits im Jahre 1290 ihre ehemalige Reichsunmittelbarkeit verloren hatte. Der südöstliche Teil, der Essener Bezirk, hatte bis zum Jahre 1803 ständig unter dem Einflusse von zwei reichsunmittelbaren Klöstern gestanden; nämlich der vom Bischof Ludgerus von Münster um das Jahr 800 gegründeten Abtei Werden und dem vom Bischof Altfried von Hildesheim um die Mitte des 9. Jahrhunderts gestifteten Benediktinerinnenkloster Essen.

In dem ursprünglich sächsischen Stift Essen waren die bäuerlichen Besitzer durchweg schwer gedrückt[1]. Die meisten Bauerngüter waren Hobs- und Behandigungsgüter[2], die von gewissen Oberhöfen resortierten und mit Lasten, Veräußerungs- und Vererbungsbeschränkung in ganzer Strenge belastet waren. Die gewöhnlichste Belastung war eine dem Landbesitze entsprechende Abgabe von Getreide, Weizen, Gerste und Erbsen bei den besseren, Roggen, Hafer und Buchweizen bei den leichteren Bodenarten. Obst- und Holznutzung wurden in der Regel zwischen dem zinspflichtigen Bauern und dem Grundherrn geteilt. Weiterhin waren gefettete oder Faselschweine, Kälber, Schafe, Federvieh, Wolle, Öl, Honig, Wachs, Butter und Eier in angemessenen Quantitäten allgemein zu liefern und außerdem von denjenigen Gütern, wo Gewässer zur Fischerei Veranlassung gaben, die dort vorhandenen Fische, wie Aale, Hechte und Karpfen. Zu diesen Naturallieferungen trat ziemlich regelmäßig eine mäßige Geldabgabe.

---

[1] von Viebahn, Statistik des Reg.-Bez. Düsseldorf 1835, S. 130 u. 131.
[2] Vgl. Anmerkung S. 31.

Nicht weniger mannigfaltig wie die Abgaben waren die den zinspflichtigen Bauern obliegenden Dienste, die in Hand- und Spanndienste zerfielen. Von den ersteren waren die Mähtage die häufigsten; die Spanndienste dagegen wurden nicht bloß für die Besorgung der gewöhnlichen Wirtschaftsbedürfnisse auferlegt, sondern auch für die Reisen der Grundherren verlangt.

Außer den Hobs- und Behandigungsgütern gab es im Essener Bezirk noch in geringer Anzahl Erbgewinns- und Leibgewinnsgüter, ferner Bauernlehne, ohne besondere Eigentümlichkeiten und einfache Pachtgüter auf gewisse Jahre. War hiernach die Belastung der bäuerlichen Besitzer im Essener Bezirk eine ziemlich drückende, so begünstigten andererseits die geistlichen Stifter Ackerbau und Viehzucht, die ja ihre Haupteinnahmequelle bildeten, in jeder Weise. Es gelang ihnen denn auch, dem Bauernstand in der Essener Gegend zu einem besonderen Ansehen zu verhelfen und ihn trotz der verheerenden Kriege, durch die er zeitweise arg in Mitleidenschaft gezogen wurde, auf dieser Höhe zu erhalten.

Der mittlere Teil des alten Kreises Duisburg, der jetzige Kreis Mülheim a. d. Ruhr, war in früheren Jahrhunderten aufs engste mit dem Geschick der bergischen Unterherrschaft Broich verknüpft. Mülheim a. d. Ruhr wird zuerst im Jahre 1093 als Gerichtsstätte und Sitz eines edlen Geschlechtes erwähnt. Doch schon im Jahre 1200 ist es mit Styrum zusammen im Besitze des Hauses Altena-Isenberg und dann wieder mit Broich zusammen abwechselnd im Besitze von Cleve und Berg. Im Jahre 1806 wurde das Herzogtum Berg und mit ihm die bergische Unterherrschaft Broich samt Mülheim a. d. Ruhr von Napoleon annektiert, der seinen Schwager Murat zum Herzoge von Berg machte. Nach den Freiheitskriegen wurde das von den verbündeten Heeren in Besitz genommene Herzogtum durch die Beschlüsse des Wiener Kongresses mit der Krone Preußen vereinigt.

Die Lage der ländlichen Besitzer war in diesem Teile unseres Gebietes bei weitem nicht so drückend wie im Essener Bezirke. Das Grundeigentum war in der Regel frei und wurde meist von dem bäuerlichen Besitzer selbst bewirtschaftet. Nächst der Selbstnutzung durch den Eigentümer war die Zeitpacht auf Jahre gegen einen Pachtzins in Geld oder Naturalien am gebräuchlichsten. Außerdem gab es Erbpacht-, Erbzins-, Hobs- und Behandigungsgüter mit verschiedenen Rechten, jedoch nur in geringer Anzahl. Die Frondienste, welche die ländlichen Besitzer der Unterherrschaft leisten mußten, waren Landeslasten. Auf den erblichen und Pachtgütern waren die Gutsdienste mit Pferden und Wagen am häufigsten. Im Mülheimer Bezirk gab es 174 Höfe, die der Unterherrschaft Broich zu Hand- und Spanndiensten verpflichtet waren.

Der nordwestliche Teil unseres Bezirkes, die jetzigen Kreise Duisburg und Dinslaken, gehörte ursprünglich zum Herzogtum Cleve. Bei Beendigung des Jülich-Cleveschen Erbfolgestreites kam dieses Gebiet an Preußen. Nachdem es von 1806—1815 das Schicksal der benachbarten rheinischen Landesteile geteilt hatte, fiel es nach der kurzen französischen Zwischenherrschaft an Preußen zurück. Auch hier war die Belastung des Grundbesitzes wohl nie so mannigfaltig und drückend wie im Essener Kreise und in den angrenzenden westfälischen Landesteilen. Es gab Hobs-, Behandigungs- und Leibgewinnsgüter, Bauernlehen[1] sowie Erbleibgewinns-, Erbbehandigungs- und Erbpachtgüter; aber auch die Leibgewinnsgüter waren in der Regel erblich.

Wenn auch keine direkten Mitteilungen über die damalige landwirtschaftliche Betriebsweise vorliegen, so ist es doch möglich, aus den Angaben über die Lieferungen, zu denen die Höfe verpflichtet waren, gewisse Rückschlüsse auf die Art, Ausdehnung und Intensität der landwirtschaftlichen Betriebe zu machen. Ackerbau und Viehzucht standen naturgemäß an erster Stelle. Roggen, Weizen, Hafer und Gerste waren die Hauptanbaufrüchte. Von den landwirtschaftlichen Haustieren wurde den Pferden eine besonders gute Pflege zuteil, weil sie für die landwirtschaftliche Arbeit unentbehrlich waren. Da die Schafhaltung, der als Weideflächen hauptsächlich Brach- und Stoppelfelder zur Verfügung standen, nur eine untergeordnete Bedeutung hatte, mußte notgedrungen die Rindviehhaltung eine dementsprechend größere sein, um den für den Acker erforderlichen Dünger zu beschaffen. Aus der Milch wurden Käse und Butter bereitet; denn auch diese Produkte mußten von den zinspflichtigen Bauern geliefert werden. Eine ganz hervorragende Rolle spielte die Schweinehaltung. Im Sommer fanden die Borstentiere in den ausgedehnten Eichen- und Buchenwaldungen eine gute Weide. Da in den westfälischen Landen von jeher Schweinefleisch und die daraus hergestellten Dauerwaren wie Schinken, Würste und Speck besonders beliebte Speisen waren, lag meistens den Bauern die Verpflichtung ob, zu Weihnachten der Grundherrschaft eine bestimmte Anzahl fetter Schweine abzuliefern. Unter dem Federvieh, das allgemein und oft in großer Menge gehalten wurde, nahmen die gewöhnlichen Haushühner die erste Stelle ein. Eine nicht zu unterschätzende Bedeutung hatten damals auch die landwirtschaftlichen Nebenbetriebe, wie Forst-, Bienen- und Teichwirtschaft. Die Fischerei erfreute sich deshalb besonderer Beachtung, weil Fische eine beliebte und stets erlaubte Fastenspeise waren. Das Wachs war ein bei den geistlichen Körperschaften durch den Ritus begründetes Bedürfnis und deshalb war seine Lieferung dem zinspflichtigen Bauern in den betreffenden Landesteilen auferlegt.

War nun auch die Lage der ländlichen Bevölkerung in unserem Bezirke nicht so drückend, wie sie in den östlichen Provinzen der preußischen Monarchie gewesen sein mag, so gab es gleichwohl Hemmnisse zu beseitigen, um den Weg für einen wirtschaftlichen Aufschwung frei zu machen. Unter dem Einflusse der französischen Fremdherrschaft vollzog sich zu Anfang des 19. Jahrhunderts eine Umwälzung,

---

[1] Siehe Anmerkung S. 31.

die für den gesamten volkswirtschaftlichen Verkehr und insbesondere für die Landwirtschaft von der größten Bedeutung war. Die Fesseln einer jahrhundertelangen Feudalverfassung fielen, die gutsherrlich-bäuerlichen Verhältnisse wurden gelöst, Frondienste und Naturalabgaben kamen in Wegfall, der Grundbesitz ging in volles erbliches Eigentum der Bauern über und die eigentlichen Bebauer des Grund und Bodens, die bisher in Form der Erbuntertänigkeit und Hörigkeit in Unfreiheit erhalten waren, wurden freie Männer auf freiem Grund und Boden. Der Flurzwang wurde beseitigt und die Hutungsrechte der Hauptsache nach aufgehoben. Durch die Gemeinheitsteilungen wurden die Grundstücke einer höheren Nutzung zugeführt. Die Dreifelderwirtschaft, die fast 1000 Jahre lang in der Landwirtschaft geherrscht hatte, wurde nach und nach aufgegeben. Der Futterbau wurde immer intensiver und die Viehhaltung dementsprechend verstärkt. Letztere betrachtete man nicht mehr als notwendiges Übel, das man nicht entbehren konnte, um den für den Acker notwendigen Dünger zu erzeugen, sondern sie wurde die Haupteinnahmequelle der Landwirte[1].

Wenn sich nun auch die Lage der Landwirtschaft nicht gleich in dem Maße besserte, als man hätte annehmen sollen, so lag das nicht an den agrarpolitischen Maßnahmen, als vielmehr an der Ungunst der wirtschaftlichen Verhältnisse. Die Lage der Landwirte, insbesondere der kleinen Bauern, war in diesem Gebiete um das Jahr 1816 nicht mehr so glänzend wie vor 25 Jahren, aber doch immer noch ganz gut[2]. Über die Lage der Kleinbauern und Tagelöhner äußert sich Schwerz folgendermaßen: „Wenn der hiesige Kötter eine große Familie zu ernähren hat, so muß er kümmerlicher leben als der Bauer. Hat er das nicht, so erwirbt er seinen Unterhalt leichter und mit Sicherheit; denn da er keinen Knecht halten kann, muß er selbst zur Arbeit gehen und wird dadurch von Müßiggang und unnützen Geldausgaben außer dem Hause abgehalten. Der Heuerling oder Tagelöhner hat kein Vermögen, er bewohnt die Hütten der Bauern und dient ihnen. Wenn er gesund ist und arbeiten will, so ernährt ihn sein Hof mit seiner ganzen Familie."

In dem nächsten Jahrzehnt kamen für die Landwirtschaft schlimme Zeiten. Die Getreidepreise fielen stark, die Bauern gingen in ihrem Wohlstande immer mehr und mehr zurück und vermochten kaum noch die öffentlichen Abgaben, die allerdings oft sehr beträchtlich waren, aufzubringen. Durch häufige Subhastationen kamen unzählige Bauerngüter zum Verkauf, und da viele derselben keinen Käufer fanden, wurde das bäuerliche Grundeigentum fast wertlos.[3] Seit dem Jahre 1826 besserten sich diese Verhältnisse indes wieder. Dann bereitete sich um die Mitte des 19. Jahrhunderts in wirtschaft-

---

[1] Hansen, Die Entwickelung der Landwirtschaft. Landw. Zeitschrift für die Rheinprovinz. Jahrg. 1908 Nr. 48.

[2] Schwerz, Beschreibung der Lage der Landwirtschaft in Westfalen und Rheinprovinz, I S. 243 u. 262ff.

[3] R. Ehrenberg, Archiv III Heft 1, S. 7ff.

lichen Verhältnissen unseres Gebietes ein Umschwung vor, der für die dortige Landwirtschaft von der einschneidensten Bedeutung werden sollte. Durch das reichliche Vorkommen guter und für alle industriellen Zwecke brauchbarer Steinkohlen nahm die Industrie zwischen Ruhr und Emscher innerhalb weniger Jahrzehnte einen so gewaltigen Aufschwung, wie ihn wohl keine andere Gegend aufzuweisen vermag. Das ganze Wirtschaftsleben wurde in andere Bahnen geleitet, der Charakter der Gegend völlig verändert und neue Zustände, Bedürfnisse und Werte geschaffen. Auch die Landwirtschaft wurde hierdurch zunächst günstig beeinflußt. Gestützt auf die epochemachenden Arbeiten eines Albrecht Thaer und Justus von Liebig wurden die neuesten Errungenschaften der Landbauwissenschaft von den praktischen Landwirten zur Anwendung gebracht. Die extensive Wirtschaftsweise mußte einer intensiven weichen. Eine rationelle Bebauungsart, verbunden mit geregelter Fruchtfolge und intensiver Bodenbearbeitung, und nicht zuletzt die zunehmende Anwendung des Kunstdüngers und die Einführung landwirtschaftlicher Maschinen zeitigten Resultate, die die höchsten Ansprüche zu befriedigen vermögen[1].

2. Die Arten und Verteilung des Grundbesitzes.

Die amtliche Statistik teilt die landwirtschaftlichen Betriebe in fünf Größenklassen ein: Zwergwirtschaften oder Parzellenbetriebe, die bis zu 2 ha landwirtschaftlich benutzbare Fläche besitzen, kleinbäuerliche Betriebe mit 2—5 ha, mittlere mit 5—20 ha und großbäuerliche mit 20—100 ha. Güter, die 100 und mehr ha landwirtschaftliches Areal umfassen, sind Großbetriebe. Diese Einteilung ist insofern nicht ganz einwandfrei, als sie eben nicht für jede Gegend paßt. Ob man einen landwirtschaftlichen Betrieb zu den Parzellen- oder zu den kleinbäuerlichen Betrieben zählen soll, oder wo die Grenze zwischen den klein-, mittel- und großbäuerlichen und Großbetrieben liegt, hängt nicht allein von der Flächengröße, sondern auch von der Güte und dem Geldwerte des Bodens und der Art der Bodenbenutzung ab. Ein Betrieb von 10 ha wird in der einen Gegend noch als Kleinbetrieb angesprochen werden müssen, während er in einer anderen zu den mittelbäuerlichen Betrieben zählt; und wenn man Betriebe von 75—100 ha schon zu den Großbetrieben rechnet, würde man der Anschauung in der Rhein- und Ruhrgegend viel besser entsprechen, als wenn man sie mit der amtlichen Statistik als großbäuerliche bezeichnet.

[1] Über die vorstehend gebrauchten Bezeichnungen von Grundstücken sei bemerkt: Leibgewinnsgüter waren solche Güter, deren Nutznießungsrecht gegen bestimmte jährliche Abgaben erworben wurde. Behandigungsgüter nannte man diejenigen Höfe, bei denen der Besitz oder Nießbrauch des Gewinnträgers von der gehörig erfolgten Behandigung abhängig gemacht wurde. In der Regel wurden zwei Hände in das Behandigungsbuch eingetragen, nach deren Absterben neue Beleihung oder Behandigung nachzusuchen war. Hobsgüter waren solche Gewinngüter, die von einem Oberhof abhängig waren und auch bei diesem gewonnen werden mußten. Bauernlehen waren Pachtgüter, die nach dem Tode des Lehnsmannes an den Lehnsherrn zurückfielen.

Nach den Betriebszählungen von 1882, 1895 und 1907 betrug die Zahl der Betriebe:

Kreise	im Jahre	überhaupt	unter 2 ha	2—5 ha	5—20 ha	20—100 ha	über 100 ha
Duisburg	1882	2250	2124	57	61	8	—
	1895	2106	2002	50	43	11	—
	1907	1653	1510	62	62	18	1
Mülheim a. d. Ruhr (Stadt u. Land)	1882	13166	11139	943	829	254	1
	1895	9508	9119	147	186	56	—
	1907	10000	9712	85	158	45	—
Ruhrort (jetzt Dinslaken)	1895	8690	7120	735	671	163	1
	1907[1]	5651	4383	625	554	88	1
Essen (Stadtkreis)	1882	1467	1460	5	2	—	—
	1895	965	954	4	4	3	—
	1907	2151	2107	21	17	6	—
Essen (Landkreis)	1882	17280	16471	271	367	169	2
	1895	24434	23650	246	352	184	2
	1907	24002	23464	160	242	134	2
Oberhausen	1907[2]	764	749	7	6	2	—
Insgesamt	1882	34163	31194	1276	1259	431	3
	1895	45703	42895	1182	1256	417	3
	1907	44221	41925	960	1039	293	4

Von je 100 Betrieben entfallen auf die Betriebe in den Größenklassen von:

Kreise	im Jahre	unter 2 ha	2—5 ha	5—20 ha	20—100 ha	über 100 ha
Duisburg	1882	94,40	2,53	2,71	0,36	—
	1895	95,06	2,38	2,04	0,52	—
	1907	91,35	3,75	3,75	1,09	0,06
Mülheim a. d. Ruhr (Stadt u. Land)	1882	84,61	7,16	6,30	1,92	0,01
	1895	95,91	1,55	1,95	0,59	—
	1907	97,12	0,85	1,58	0,45	—
Ruhrort (jetzt Dinslaken)	1895	81,93	8,46	7,72	1,88	0,01
	1907[1]	77,57	11,05	9,80	1,56	0,02
Essen (Stadtkreis)	1882	99,52	0,34	0,14	—	—
	1895	98,86	0,41	0,41	0,32	—
	1907	97,95	0,98	0,79	0,28	—
Essen (Landkreis)	1882	95,32	1,57	2,12	0,98	0,01
	1895	96,79	1,01	1,44	0,75	0,01
	1907	97,75	0,67	1,01	0,56	0,01
Oberhausen	1907[2]	98,04	0,92	0,78	0,26	—
Insgesamt	1882	91,24	3,75	3,70	1,30	0,01
	1895	93,75	2,59	2,75	0,90	0,01
	1907	94,81	2,17	2,35	0,66	0,01

[1] Die Angaben für 1882 sind in den Angaben über den Kr. Mülheim a. R. mitenthalten.

[2] Die Angaben für 1882 und 1895 sind in den Angaben über den Kr. Mülheim a. R. mitenthalten.

Die landwirtschaftlich benutzte Fläche der Betriebe betrug:

Kreise	im Jahre	überhaupt	unter 2 ha	2—5 ha	5—20 ha	20—100 ha	über 100 ha
Duisburg	1882	1370	355	182	530	303	—
	1895	1218	300	149	419	350	—
	1907	1751	217	190	511	608	225
Mülheim a. d. Ruhr (Stadt u. Land)	1882	22848	3754	2745	8628	7541	180
	1895	5956	1663	430	2072	1791	—
	1907	4617	1271	264	1699	1383	—
Ruhrort (jetzt Dinslaken)	1895[1]	16707	2569	2288	6789	4843	218
	1907	11914	1814	1977	5363	2653	107
Essen (Stadtkreis)	1882	190	163	14	13	—	—
	1895	227	99	11	22	95	—
	1907	627	201	66	175	185	—
Essen (Landkreis)	1882	13459	2979	825	4061	5358	246
	1895	14580	3318	741	3835	6020	666
	1907	9737	2269	484	2782	3982	220
Oberhausen	1907[2]	199	80	21	46	52	—
Insgesamt	1882	37877	7251	3766	13232	13202	426
	1895	38688	7949	3619	13137	13099	884
	1907	28845	5852	3002	10576	8863	552

Von je 100 ha der landwirtschaftlich benutzten Fläche entfallen auf die Betriebe in den Größenklassen von:

Kreise	im Jahre	unter 2 ha	2—5 ha	5—20 ha	20—100 ha	über 100 ha
Duisburg	1882	25,91	13,28	38,69	22,12	—
	1895	24,63	12,23	34,40	28,74	—
	1907	12,40	10,84	29,20	34,72	12,84
Mülheim a. d. Ruhr (Stadt u. Land)	1882	16,43	12,01	37,76	33,01	0,79
	1895	27,92	7,22	34,79	30,07	—
	1907	27,53	5,72	36,80	29,95	—
Ruhrort (jetzt Dinslaken)	1895[1]	15,38	13,69	40,64	28,99	1,30
	1907	15,22	16,59	45,03	22,27	0,89
Essen (Stadtkreis)	1882	85,79	7,37	6,84	—	—
	1895	43,61	4,85	9,69	41,85	—
	1907	32,06	10,53	27,91	29,50	—
Essen (Landkreis)	1882	22,12	6,12	30,16	39,78	1,82
	1895	22,76	5,08	26,30	41,29	4,57
	1907	23,30	4,97	28,57	40,90	2,26
Oberhausen	1907[2]	40,20	10,55	23,12	26,13	—
Insgesamt	1882	19,14	9,94	34,93	34,86	1,13
	1895	20,55	9,35	33,96	33,86	2,28
	1907	20,29	10,41	36,66	30,73	1,91

[1] Die Angaben für 1882 sind in den Angaben über den Kr. Mülheim a. R. mitenthalten.

[2] Die Angaben für 1882 und 1895 sind in den Angaben über den Kr. Mülheim a. R. mitenthalten.

Die Gesamtzahl der Betriebe in unserem Bezirke stieg vom Jahre 1882—1895 um 11540 oder 33,6 %, von 1895—1907 ging die Zahl dagegen wieder etwas zurück, nämlich von 45703 auf 44221. An der Steigerung waren fast nur die Parzellenbetriebe beteiligt, während die bäuerlichen Betriebe stark abnehmen. Unter den im Jahre 1907 gezählten 41925 Parzellenbetrieben gab es 39198 Betriebe, die noch nicht die Größe von 0,50 ha erreichten. Diese außerordentlich große Anzahl kleinster Betriebe läßt deutlich den Einfluß der Industrie erkennen. Zur Ernährung einer Familie reichen diese Zwergwirtschaften nicht aus. Sie sind deshalb meist Eigentum eines Zechen- oder Fabrikarbeiters, dem sie als Wohnsitz und zur Erzeugung der einfachsten Lebensmittel dienen. Von einer landwirtschaftlichen Tätigkeit im eigentlichen Sinne kann bei ihnen nicht gesprochen werden. Die Bewirtschaftung dieser kleinsten Betriebe erfolgt entweder durch die Industriearbeiter selbst in ihrer freien Zeit oder durch ihre Frauen. Von der Gesamtwirtschaftsfläche nahmen die Parzellenbetriebe unter 2 ha im Jahre 1907 5852 ha oder 20,29 % ein und hieran waren wieder die Betriebe unter 0,50 ha mit 3121 ha beteiligt. Die durchschnittliche Größe der Parzellenbetriebe unter 2 ha ist von 0,23 ha im Jahre 1882 auf 0,19 ha im Jahre 1895 und auf 0,14 ha im Jahre 1907 zurückgegangen.

Die kleinbäuerlichen Betriebe haben sowohl der Zahl wie der Fläche nach seit dem Jahre 1882 abgenommen. Sie verminderten sich um 316 Betriebe und 764 ha landwirtschaftlich benutzter Fläche oder durchschnittlich 2,37 ha für jeden Betrieb. Die kleinbäuerlichen Betriebe bleiben der Zahl nach mit 2,17 % der Gesamtzahl der Betriebe gegen 94,81 % der Parzellenbetriebe weit hinter diesen zurück, dagegen ist die Gesamtfläche der kleinbäuerlichen Betriebe nur um die Hälfte geringer als die der Zwergwirtschaften. Die Durchschnittsgröße eines kleinbäuerlichen Betriebes betrug 1882 2,95 ha, 1895 3,06 ha und 1907 3,13 ha. Die kleinbäuerlichen Betriebe haben demnach, im Gegensatz zu den Parzellenbetrieben durchschnittlich an Flächengröße ständig zugenommen. Wenn auch viele Besitzer dieser kleinbäuerlichen Wirtschaften einen Nebenberuf ausüben, so bietet doch der Besitz von 2—5 ha Ackerland allein im Industriegebiete eine auskömmliche Existenz. Gerade der Kleinbauer, der an seinen Familienmitgliedern die zuverlässigsten Arbeitskräfte hat, ist imstande, bei intensivster Bewirtschaftung und unter Bevorzugung von Spezialkulturen wie Gemüsebau, für dessen Produkte im Industriegebiete immer eine gute Absatzmöglichkeit besteht, die relativ höchsten Roh- und Reinerträge zu erzielen.

Die dritte Gruppe bilden die mittelbäuerlichen Betriebe von 5—20 ha. Sie sind der Zahl nach von 1882—1895 nur wenig, dagegen von 1895—1907 stark zurückgegangen. Ihre Beteiligung an der Gesamtzahl der Betriebe betrug 1882 3,70 %, 1895 2,75 % und 1907 2,35 %. Dagegen war der Anteil dieser Gruppe an der Gesamtanbaufläche von allen Betriebsklassen am größten; er betrug nämlich im Jahre 1882 34,93 %, 1895 33,96 % und 1907 36,66 %. Die Durchschnittsgröße der mittelbäuerlichen Betriebe ist von 15,10 ha im Jahre 1882 auf 14,59 ha im Jahre 1895 und auf 10,18 ha im Jahre 1907 zurückgegangen.

Die mittelbäuerlichen Betriebe bilden mit der nächsten Gruppe, den großbäuerlichen Betrieben, den eigentlichen Bauernstand. Beide Gruppen hatten von 1882—1895 ungefähr den gleichen Anteil an der Gesamtwirtschaftsfläche, seitdem hat sich aber dieses Verhältnis etwas zugunsten der mittelbäuerlichen Betriebe verschoben. Nach wie vor nehmen beide Gruppen zusammen etwas über $^2/_3$ der Gesamtwirtschaftsfläche ein. Die Zahl der großbäuerlichen Betriebe ist stark zurückgegangen, nämlich von 431 im Jahre 1882 auf 293 im Jahre 1907. Die durchschnittliche Größe des Einzelbetriebes stellte sich hier im Jahre 1882 auf 36,31 ha, 1895 auf 31,41 ha und 1907 auf 30,25 ha.

Die Großbetriebe haben sowohl der Zahl als Fläche nach in unserem Bezirke nur geringe Bedeutung, da nach den Betriebszählungen nur 8 bzw. 4 im ganzen vorhanden waren. Im Jahre 1907 betrug nach der Statistik die durchschnittliche Größe eines Großbetriebes 138 ha.

Der fideikommissarisch gebundene Besitz ist in unserem Bezirke nur spärlich vertreten. Nach der Betriebsstatistik vom Jahre 1895 entfielen von dem gesamten Flächeninhalte auf Fideikommisse:

im Kreise Mülheim a. d. Ruhr	165,6 ha
„ „ Ruhrort	487,6 „
„ „ Essen	997,6 „
Insgesamt	1650,8 ha.

Der Anteil des fideikommissarisch gebundenen Besitzes an der Gesamtfläche beträgt demnach 2,66 % und hiervon sind 228 ha oder 0,38 % der Gesamtfläche Waldbestand.

Stellen wir die einzelnen Kreise unseres Bezirkes hinsichtlich der Verteilung des Grundbesitzes einander gegenüber, so ist folgendes zu bemerken. Nach der Betriebsstatistik von 1907 nahmen die Parzellenbetriebe in den Stadtkreisen Essen und Oberhausen, die mittelbäuerlichen Betriebe in den Kreisen Mülheim a. d. Ruhr und Dinslaken und die großbäuerlichen Betriebe in dem Landkreise Essen und im Stadtkreise Duisburg der Fläche nach die erste Stelle ein. Der kleinbäuerliche Besitz ist in keinem Kreise sehr bedeutend, relativ am geringsten ist er im Landkreise Essen und im Kreise Mülheim a. d. Ruhr, am höchsten im Kreise Dinslaken vertreten. Der Zahl nach nehmen in sämtlichen Kreisen die Parzellenbetriebe die erste Stelle ein, besonders zahlreich sind sie in den Stadt- und Landkreisen Essen, Mülheim a. d. Ruhr und Oberhausen vertreten, während sich in dem Kreise Dinslaken noch eine relativ hohe Zahl von kleinen und mittelbäuerlichen Betrieben findet. Die starken Schwankungen, welche sich in den Ergebnissen der einzelnen Zählungsjahre für verschiedene Kreise finden, beruhen zum größten Teil auf den durch Kreisteilungen und Eingemeindungen hervorgerufenen Gebietsverschiebungen. Das ist ein Übelstand, der die Vergleichbarkeit der Zahlen für die betreffenden Kreise stark beeinträchtigt.

Die Zahl der in den landwirtschaftlichen Betrieben berufstätigen Personen betrug im Jahre 1907 in den Größenklassen:

unter 2	ha	39596 Personen
2—5	„	2834 „
5—20	„	4944 „
20—100	„	2581 „
über 100	„	106 „

Es kamen demnach auf die Parzellenbetriebe durchschnittlich eine landwirtschaftlich berufstätige Person, auf die kleinbäuerlichen Betriebe entfielen im Durchschnitt 3, auf die mittelbäuerlichen annähernd 5 und auf die großbäuerlichen rund 8 Personen, während sich die Zahl der im Großbetriebe tätigen Personen auf rund 26 stellt. Hieraus geht hervor, daß die Inhaber der Parzellenbetriebe im allgemeinen noch überschüssige Arbeitskraft für andere Berufsarbeit zur Verfügung haben, während der Kleinbauer mit seinen helfenden Familienangehörigen ohne fremde Arbeitskräfte zu wirtschaften vermag. Die drei anderen Größenklassen, die mittelbäuerlichen, großbäuerlichen und Großbetriebe dagegen können ohne fremde Arbeitskräfte nicht auskommen.

Überblickt man die Bewegung des Grundeigentums, so wird man zunächst die hier vorherrschende Besitzverteilung für recht günstig halten müssen. Der Schwerpunkt der Landwirtschaft liegt zurzeit noch in den groß- und mittelbäuerlichen Betrieben, die zusammen $^{2}/_{3}$ der Gesamtwirtschaftsfläche einnehmen. Unleugbar aber machen sich schon zwei Richtungstendenzen entgegengesetzter Art bemerkbar: einmal nimmt die Zahl und die Durchschnittsgröße der bäuerlichen Betriebe ab, d. h. der Bauernstand geht zurück, und ein anderes Mal nehmen die kleinsten Betriebe der Zahl nach stark zu, d. h. die Arbeiterklasse steigt hinauf. Der Bauer vermag auf die Dauer der Konkurrenz der Industrie und des Großkapitals um den Besitz von Grund und Boden keinen Widerstand zu leisten. Er gibt sein von den Vätern ererbtes Gut ganz oder zum Teile ab und wird Pächter, wenn er es nicht vorzieht, seinen bisherigen Beruf ganz aufzugeben.

Das Streben des Industriearbeiters geht dahin, möglichst bald ein Grundstück zu erwerben, auf dem er ein eigenes Heim errichten kann, und das noch Raum genug bietet, um Kartoffeln und Gemüse anzubauen. In den Gegenden mit älterem Bergbau besitzen die alten Bergarbeiter vielfach Besitzungen von recht ansehnlicher Größe. Wenn ihre Kinder erwachsen sind, überlassen ihnen die Eltern dann davon Bauplätze mit einem entsprechenden Stück Garten- oder Ackerland. Neu zugezogene Arbeiter haben es in der Regel schwieriger, Grundstücke für einen billigen Preis zu erlangen. Sie sind meist gezwungen, den Landwirten oder Grundstücksspekulanten für ein Stückchen Land einen Preis zu bezahlen, der den eigentlichen Ertragswert bei weitem übersteigt. Der grundbesitzende Industriearbeiter führt ein doppeltes Leben: er geht seiner Tätigkeit als Fabrik- oder Zechenarbeiter nach, und befaßt sich außerdem in seiner freien Zeit mit landwirtschaftlichen Arbeiten. Dafür ist seine Position viel gesicherter als die des besitzlosen Arbeiters in der Großstadt. Stellt einmal die Fabrik oder Zeche eine Zeitlang den Betrieb ein, oder wird er aus einem anderen Grunde arbeitslos, so vermag er sich viel eher eine Zeitlang über Wasser zu halten als der besitzlose Arbeiter. Da er keine Wohnungsmiete zu zahlen hat und die Ziege und die selbst gebauten Kartoffeln und Gemüse einen annehmbaren Zuschuß zum Haushalt bieten, so ist er zunächst vor der dringendsten Not geschützt.

Indes dieses Bild hat eine Kehrseite. Der edle Ehrgeiz, auf eigenem Grund und Boden zu wohnen und sein eigenes Stück Land zu beackern, kostet dem Arbeiter einen guten Teil seiner Freiheit. Er kann nicht mehr wie der besitzlose Arbeiter von Ort zu Ort ziehen und die Arbeit suchen, wie sie ihm gefällt; er ist durch das Gebundensein an die Scholle darauf angewiesen, die Arbeitsgelegenheit wahrzunehmen, wie sie sich ihm in der Nähe seines Wohnortes bietet; und wenn dann der Fall eintritt, daß durch Stillegung von Zechen ihm jede dauernde Arbeitsgelegenheit an Ort und Stelle genommen ist und er Arbeit an entfernten Orten suchen muß, so wird für ihn der eigene Besitz leicht zur Last.

3. Die Vererbung und Verschuldung des ländlichen Grundbesitzes[1].

Am 2. Juli 1898 wurde ein Gesetz erlassen, welches das Anerbenrecht bei Landgütern in der Provinz Westfalen und in den rheinischen Kreisen Rees, Essen-Land, Essen-Stadt, Duisburg, Ruhrort und Mülheim a. d. Ruhr regelte. In diesen rheinischen Kreisen hatte ebenso wie in der Provinz Westfalen von alters her die Sitte bestanden, um den Bauernhof als geschlossenes Ganzes der Familie zu erhalten, ihn einem bevorzugten Erben geschlossen zu übertragen. Infolge dieser Erbfolge ist in diesen Kreisen ein kräftiger Bauernstand erhalten geblieben und eine Zersplitterung des bäuerlichen Besitzes nicht eingetreten. Um nun zu verhüten, daß diese Gewohnheit, welche ein gesunder Familiensinn geschaffen hatte, im Falle der Intestaterbfolge nicht durchbrochen würde, wurde am 2. Juli 1898 das Gesetz betreffend das Anerberecht erlassen, das am 1. Januar 1900 in Kraft trat. Allerdings hatte man schon im Jahre 1882 einen Versuch gemacht, durch die der Hannoverschen Höferolle nachgebildete Landgüterordnung für die Provinz Westfalen die freie Verfügbarkeit über den Grund und Boden einzuschränken. Es wurde hierin bestimmt, daß die in der Landgüterrolle eingetragenen Höfe von den Anerben gegen den 20fachen Betrag des Reinertrages übernommen werden konnten. Die an diese Verordnung geknüpften Erwartungen wurden indes nicht erfüllt, da nur verhältnismäßig wenige Hofbesitzer ihre Güter eintragen ließen, und für die nicht eingetragenen

[1] Sering, Vererbung des ländlichen Grundbesitzes. 1900, 3, S. 139ff.

Besitzungen hatten sie keine Geltung. So entschloß man sich denn ein Gesetz zu schaffen, das auf möglichst viele bäuerliche Besitzungen ausgedehnt werden sollte. Es wurde bestimmt, daß als Anerbengut im Sinne des Gesetzes jede ländliche Besitzung gelten sollte, die eine selbständige Nahrungsstelle bietet und mit einem wenn auch örtlich getrennten Wohnhause versehen ist und wo der Grundsteuerreinertrag mindestens 60 Mark beträgt. Der Anerbe erhält nach dem Gesetz $^1/_3$ des Gutswertes nach Abzug aller Schulden als Voraus und geht dann mit den weichenden Miterben bei der Restsumme nochmals in Teilung. Als Gutswert wird nicht der augenblickliche Verkehrswert angesehen, sondern der Ertragswert, der ermittelt wird, indem man den 25fachen Betrag des nachhaltigen Reinertrages zugrunde legt. Eine Ausnahme ist nur für den Fall vorgesehen, daß der Hof innerhalb eines Bebauungsplanes liegt. Wird der Besitz innerhalb 15 Jahren nach der Übernahme vom Anerben veräußert, so ist er verpflichtet, das im voraus erhaltene Drittel wieder in Teilung zu geben. Durch die Bestimmung des Anerbengesetzes werden natürlich die freien Verfügungsrechte des jeweiligen Besitzers nicht beberührt; ihm steht es frei, den Hof geschlossen oder geteilt zu vererben oder in irgendeiner anderen Weise seinen Anschauungen durch eine letztwillige Verfügung Ausdruck zu geben. Im allgemeinen ist jedoch die Anhänglichkeit des westfälischen Bauern an die Familienbesitzung so groß, daß er ängstlich darauf bedacht ist, den Hof als unteilbares Ganzes zu erhalten und den Anerben durch Schulden nicht zu sehr zu belasten. Die Abfindungen der übrigen Kinder werden deshalb in der Regel nicht nach dem Verkaufswert, sondern nach der Leistungsfähigkeit des Hofes bemessen.

Das Gesetz unterscheidet zwischen dem mittelbaren und dem unmittelbaren Anerbenrechte. In den Gebieten, wo das unmittelbare Anerbenrecht gilt, werden alle Güter, die den oben erwähnten gesetzlichen Bestimmungen entsprechen, auf Antrag des Spezialkommissars als Anerbengüter in das Grundbuch eingetragen. Auch wenn Teile von diesen Gütern verkauft werden, bleiben sie als Anerbengüter bestehen, sofern der Grundsteuerreinertrag des Restgutes noch 60 Mark beträgt. Eine Löschung im Grundbuch erfolgt bloß dann, wenn die Besitzung den gesetzlichen Bestimmungen als Anerbengut nicht mehr entspricht. Das mittelbare Anerbenrecht sollte in denjenigen Gebieten Geltung haben, wo das unmittelbare den wirtschaftlichen Verhältnissen der Gegend nicht entsprochen haben würde. Und das traf auch für die industriellen rheinischen Kreise zu. Nach dem mittelbaren Anerbenrechte bleibt es dem jeweiligen Besitzer überlassen, ob er sein Gut eintragen lassen will oder nicht. Will er es eintragen lassen, so muß er sich eine Bescheinigung des Spezialkommissars beschaffen, die dahin lautet, daß das betreffende Landgut den gesetzlich an das Anerbengut gestellten Anforderungen entspricht.

Das mittelbare Anerbenrecht ist für das Industriegebiet von geringer Bedeutung und gelangt nur in den seltensten Fällen zur Anwendung. Einmal lassen die wenigsten Besitzer ihr Eigentum als Anerbengut eintragen, und wo es etwa geschehen ist, sorgen sie zum anderen meist durch rechtzeitige Verfügung dafür, ihrem Willen Ausdruck zu geben. Da im allgemeinen der Verkehrswert des Gutes den Ertragswert übersteigt, würde es eine große Ungerechtigkeit sein, wenn die weichenden Erben nach den Bestimmungen des Anerbengesetzes abgefunden würden. Verkauft der Anerbe das Gut kurz nach der Übernahme zu einem hohen Preise, so gelangt er gegenüber seinen Geschwistern in eine verhältnismäßig sehr glänzende Stellung, auch wenn er das im voraus erhaltene Drittel wieder teilen muß. Zieht er es aber vor, die Frist von 15 Jahren abzuwarten, bevor er verkauft, so wird er außer dem geretteten Drittel noch einen durch Wertsteigerung des Grund und Bodens bedeutend erhöhten Verkaufpreis erwarten können und hat dann seinen Geschwistern gegenüber einen noch größeren Vorteil. Um dem vorzubeugen, wird vielfach von den bäuerlichen Besitzern die Bestimmung getroffen, daß der Anerbe, wenn er vor Ablauf einer bestimmten Frist das von den Eltern ererbte Gut verkauft, verpflichtet ist, den Erlös nachträglich mit seinen Geschwistern zu teilen, wobei ihm in der Regel eine geringe Bevorzugung zugestanden wird. Es wird aber von den bäuerlichen Besitzern des rheinischen Industriegebietes noch im allgemeinen daran festgehalten, den Hof einem Erben zu übertragen; jedoch kommt es häufiger vor, daß den Miterben neben der Abfindungssumme einzelne hochwertige Stücke Land überlassen werden, wenn es unbeschadet der Leistungsfähigkeit des Hofes geschehen kann.

So sehr es auch zu wünschen ist, daß der bäuerliche Besitz in den westfälischen Landen in seiner jetzigen Form erhalten bleibt, so würde man es vom volkswirtschaftlichen und sozialpolitischen Standpunkte aus nur begrüßen können, wenn im Industriegebiete die größeren bäuerlichen Besitzungen noch mehr geteilt würden. Hier genügen wenige Hektar Ackerland zur Ernährung einer Familie, und bei intensiver Bewirtschaftung und beim Anbau hochwertiger Kulturpflanzen, für die hier stets ein günstiges Absatzgebiet vorhanden ist, können auf dem Kleinbesitz viel höhere Reinerträge erzielt werden, als es in den Großbetrieben möglich ist. Andererseits würden dann die Industriearbeiter weit besser in der Lage sein, sich ein Stück Land zu kaufen. Jetzt ist ihnen das vielfach unmöglich gemacht, und zwar nicht deshalb, weil es ihnen an Kapital mangelt, sondern weil oft gar kein Land zu einem Preise zu haben ist, den man noch als angemessen bezeichnen kann.

Die Verschuldungsstatistik des Grundbesitzes vom Jahre 1902, die den ganzen preußischen Staat umfaßte, erstreckte sich auf alle Eigentümer von Grundstücken mit mindestens 60 Mark Reinertrag, deren Haupterwerb aus Land- und Forstwirtschaft bestand. Nach dieser Statistik hatten in unserem Bezirke von den Eigentümern Schulden im Betrage von 100 Teilen des Gesamtvermögens[1]:

---

[1] Die ländliche Verschuldung in Preußen. Preußische Statistik, Bd. 191, I II, S. 1063—1075.

Kreis	Anzahl der Eigentümer	Keine Schulden	0—5	5—10	10—15	15—20	20—25	25—30	30—40	40—50	50—60	60—75	75—100	100 und mehr
Duisburg	38	11	—	4	—	4	2	2	5	5	4	1	—	—
Oberhausen . .	3	—	1	—	—	—	1	—	1	—	—	—	—	—
Mülheim-Stadt .	6	2	1	—	—	—	2	—	1	—	—	—	—	—
Mülheim-Land .	194	70	2	6	15	7	9	4	22	25	14	10	8	2
Ruhrort	650	312	25	42	39	42	31	29	61	35	13	12	8	1
Essen-Stadt. . .	18	10	2	—	1	3	—	1	—	—	1	—	—	—
Essen-Land . .	305	91	14	16	12	16	24	17	31	38	19	18	4	5
Im ganzen . . .	1214	496	45	68	67	72	69	53	121	103	51	41	20	8

Bezeichnen wir die Verschuldung bis zu einem Viertel des Gesamtvermögens als eine mäßige Belastung, eine solche von einem Viertel bis zur Hälfte des Vermögens als eine mittlere Belastung und eine Verschuldung über die Hälfte des Gesamtvermögens als eine hohe und bedenkliche Schuldenbelastung, so ergibt sich nach vorstehender Tabelle, daß 321 Eigentümer oder 26,44 % eine mäßige, 277 Eigentümer oder 22,82 % eine mittlere und 120 Eigentümer oder 9,88 % eine starke Schuldenbelastung zu verzeichnen hatten, während hier 196 oder 40,86 % aller Grundeigentümer schuldenfrei waren. Fassen wir die einzelnen Kreise ins Auge, so finden wir, daß die Verschuldung des ländlichen Grundbesitzes auf alle Kreise ziemlich gleichmäßig verteilt ist. Einen Zusammenhang zwischen der Verschuldung und den erbrechtlichen und wirtschaftlichen Verhältnissen der Gegend besonders unter dem Gesichtspunkte der Beeinflussung der Landwirtschaft durch die Industrie im einzelnen nachweisen zu wollen, würde nicht möglich sein, weil auch eine noch so sorgfältig aufgenommene Statistik niemals den Ursachen der Verschuldung auf den Grund zu gehen vermag.

4. Das landwirtschaftliche Genossenschaftswesen[1].

Es unterliegt keinem Zweifel, daß an den Landwirt heute in bezug auf die Führung seines Betriebes größere Anforderungen gestellt werden als früher. Will der Bauer im Interessenkampfe mit anderen Ständen nicht unterliegen, so darf er nicht im alten Schlendrian weiterleben. Er muß die Errungenschaften der Wissenschaft und Technik in seinen Dienst stellen, er muß immer auf den Fortschritt bedacht und sich jegliche Verbesserung zunutze zu machen bestrebt sein. Auch der Bauer darf nicht stille stehen, er muß immer weiter streben.

In einer Zeit, wo die industriellen Unternehmungen in machtvollen Syndikaten, Kartellen und Trusts sich zusammenschlossen, wo die Industriearbeiter durch ihren Zusammenschluß in Gewerkschaften eine ständig wachsende Macht gewannen, finden wir gegen-

[1] Dr. Max Grabein, Wirtschaftliche und soziale Bedeutung der ländlichen Genossenschaften in Deutschland. Tübingen 1908, S. 1ff.

über dieser gewaltigen Zentralisation des industriellen und kommerziellen Lebens eine bis zum kleinsten Parzellenbetriebe herabgehende Dezentralisation der Landwirtschaft. Wollte die Landwirtschaft sich nicht der Ausbeutung durch die großen wirtschaftlichen Mächte aussetzen, so war sie ihrerseits gezwungen, einen wirtschaftlichen Zusammenschluß anzustreben. Dieser Weg wurde vor einigen Jahrzehnten durch die Gründung der ländlichen Genossenschaften beschritten.

Unter den Einrichtungen, welche die Lage der Landwirtschaft auf dem Wege der Selbsthilfe am meisten zu heben geeignet sind, nehmen die Spar- und Darlehnskassen sowie die Bezugsgenossenschaften bei weitem die erste Stelle ein. Der Übergang von der Natural- zur Geldwirtschaft war für die Landwirtschaft, wenigstens für ihre schwächeren Elemente, von üblen Folgen begleitet. Der Bauer, der damals gewohnt war, seine Abgaben und Zahlungen größtenteils in Naturalien zu entrichten, mußte nunmehr seine Verkaufsprodukte auf den Markt bringen, um seinen Verpflichtungen genügen zu können. Dabei gerieten viele kleine Landwirte durch finanzielle Schwäche, wirtschaftliche Unkenntnis und Mangel an Voraussicht in schwere Abhängigkeit von dem Abnehmer ihrer Erzeugnisse, dem Händler. War es dann in schlechten Zeiten dem Bauer nicht möglich, die erforderlichen Geldmittel aufzubringen, so mußte er seine Zuflucht zum Geldverleiher nehmen, der ihm gegen Wucherzinsen aus der augenblicklichen Not half. So hatte sich bis zur Mitte des vorigen Jahrhunderts ein schlimmer Geld- und Warenwucher, der besonders den kleinen und mittleren Besitz stark bedrückte, weit verbreitet.

Diesen Übelstand beseitigt und den Bauer aus den Händen der Wucherer befreit zu haben, ist das hauptsächlichste Verdienst der ländlichen Spar- und Darlehnskassen. Die Spar- und Darlehnskassen haben gegenüber anderen Geldinstituten den großen und unbestrittenen Vorteil, daß sie sich den Bedürfnissen der Landbewohner am besten angepaßt haben. Sie bilden infolge der örtlichen Nähe für den ländlichen Sparer eine große Bequemlichkeit, sie bieten sowohl durch die Geschäftsführung als auch durch die Haftpflicht der Mitglieder die weitgehendste Sicherheit und gewähren für alle Einlagen eine relativ hohe Verzinsung. Dadurch, daß die Spar- und Darlehnskassen sich hauptsächlich mit der Pflege des Kleinsparwesens befassen, sind sie nicht bloß für den ländlichen Besitzer und Kleingewerbetreibenden, sondern auch für die Arbeiter und das ländliche Gesinde in hervorragendem Maße als Sparinstitut geeignet.

Im Kreditverkehre bieten die Spar- und Darlehnskassen der ländlichen Bevölkerung ebenfalls große Vorteile, indem sie ihren Mitgliedern einen bequemen, ausreichenden und reellen Personal- und Realkredit zu einem billigen Zinsfuß gewähren. Dadurch, daß sie für ihre Mitglieder gegen eine geringe Provision alle bankmäßigen Geschäfte, wie An- und Verkauf von Wertpapieren, von Wechseln und Schecks, Einzug von Wechseln, Aufbewahrung von Depots und zahlreiche sonstige Bankgeschäfte vermitteln, wird der in diesen Dingen oft wenig sachkundige Landbewohner vor Übervorteilung und Schaden bewahrt.

Über die in unserem Bezirke vorhandenen Spar- und Darlehnskassen, deren Mitgliederzahl, Spareinlagen und Gesamtumsatz gibt nachfolgende dem Jahrbuch des Reichsverbandes der deutschen landwirtschaftlichen Genossenschaften für 1910 entnommene Statistik Aufschluß.

Es befanden sich: 1. Im Verband der rheinpreußischen landwirtschaftlichen Genossenschaften zu Bonn[1]:

Sitz der Genossenschaft	Gründungsjahr	Mitgliederzahl Ende 1909	Spareinlagen Ende 1909 Mk.	Gesamtumsatz f. d. Jahr 1909 Mk.
Essen	1900	106	36568	215556
Dümpten	1895	33	—	210225
Haarzopf	1900	—	37811	310254
Saarn	1899	64	210858	975642
Buschhausen	1863	60	114100	701278
Duisburg-Beeck	1896	25	10234	1202268
Gahlen	1902	81	52983	858059
Hiesfeld	1899	101	78405	634612
Hünxe	1895	65	76811	351808
Vörde	1868	192	592555	390713

2. Im Verbande der rheinischen Genossenschaften zu Köln:[2]

Sitz der Genossenschaft	Gründungsjahr	Mitgliederzahl Ende 1909	Spareinlagen Ende 1909 Mk.	Gesamtumsatz f. d. Jahr 1909 Mk.
Steele	1897	15	—	155783
Heidhausen	1900	130	426822	1083497
Kupferdreh	1900	34	26589	70570
Bergerhausen	1901	63	4296	2020813
Walsum	1891	186	537777	1680610
Eppinghoven	1895	78	76010	397391

Die Spar- und Darlehnskassen unseres Bezirkes finden sich nach dieser Tabelle vorwiegend in den mehr ländlichen Ortschaften oder in solchen, in denen die Industrie erst in jüngster Zeit Fuß gefaßt hat, während die meisten Orte mit alter Industrie keine Spar- und Darlehnskassen besitzen. Dieser Umstand erklärt sich damit, daß hier schon früher kommunale Sparkassen gegründet sind, die dem Bedürfnisse nach Spar- und Kreditgelegenheit der ländlichen Bevölkerung genügend Rechnung tragen.

Außer den Spar- und Darlehnskassen haben in unserem Bezirke die landwirtschaftlichen Bezugsgenossenschaften größere Bedeutung gewonnen. Die Vorteile dieser Genossenschaften bestehen zunächst in den durch den Einkauf im großen, durch Ersparnis an Transport-

[1] Jahrbuch des Reichsverbandes der deutschen landwirtschaftlichen Genossenschaften für 1910, S. 327—328.

[2] Ibid., S. 333 und 335.

und sonstigen Handlungsspesen bedingten billigeren Preisen. Ferner bietet der genossenschaftliche Bezug im allgemeinen eine größere Sicherheit für die Güte der Ware, und die Landwirte sind damit vor Übervorteilungen durch unreelle Händler mehr geschützt. Die mit dem genossenschaftlichen Bezuge verbundene Forderung der Barzahlung oder doch tunlichst baldiger Zahlung übt auf die Mitglieder eine günstige erziehliche Wirkung aus. Der Landwirt bleibt vor einem unbedachten Schuldenmachen bewahrt, gerät nicht in Abhängigkeit von dem Händler und fällt somit auch nicht einer gewissenlosen Ausbeutung anheim. Über die Verbreitung dieser ländlichen Bezugsgenossenschaften in unserem Bezirke, über ihre Mitgliederzahl und die Menge der von ihr bezogenen landwirtschaftlichen Waren belehrt nachstehende Tabelle.

1. Verband der rheinpreußischen landwirtschaftlichen Genossenschaften zu Bonn[1]:

Sitz der Genossenschaft	Gründungsjahr	Mitgliederzahl 1909	Wert der Warenbezüge Mk.	Menge der bezogenen Düngemittel Zentner	Futtermittel Zentner
Meisenburg . .	1884	45	119376	4467	16208
Saarn	1900	81	88899	3450	10281
Beeck	1899	25	—	—	—
Biefang	1898	19	54590	2417	7282
Buschhausen . .	1906	16	10829	440	10389
Gahlen.	1893	105	53133	3200	7941
Gartop-Bühl . .	1903	56	30757	1800	6935
Hünxe	1906	57	25995	2720	3534
Meiderich . . .	1902	38	11898	—	2550
Spellen	1907	68	5155	1200	400
Vörde	1905	131	85022	1600	10727

2. Verband rheinischer Genossenschaften zu Köln[2]:

Eppinghoven . .	1902	46	23506	—	—
Walsum	1902	44	30674	—	—

Außer diesen ländlichen Bezugsgenossenschaften besteht noch zu Vörde, im Kreise Dinslaken, eine Molkereigenossenschaft; sie wurde 1897 gegründet und hatte Ende 1909 180 Mitglieder. Die eingelieferten Milchmengen betrugen im Jahr 1909 2129355 l. Hiervon wurden 48583 l als Vollmilch verkauft. Die gewonnene Buttermenge betrug 148281 kg. Der Gesamterlös für Molkereiprodukte bezifferte sich für das Jahr 1909 auf 249560 Mark. Der Bruttoerlös für ein Liter eingelieferter Milch betrug im Jahre 1909 durchschnittlich 11,7 Pfennig.

Die soziale Bedeutung der ländlichen Genossenschaften besteht in der wirtschaftlichen Förderung der minderbegüterten Klassen der Landbevölkerung, in der Zusammenarbeitung und Annäherung der

[1] Jahrbuch des Reichsverbandes der deutschen landwirtschaftlichen Genossenschaften für 1910, S. 469 und 470.

[2] Ibid., S. 471.

verschiedenen Gesellschaftsklassen, in der Erziehung zur Sparsamkeit und Ordnung, sowie endlich in der geistigen Aus- und Fortbildung der Genossenschaftsmitglieder durch gegenseitige Anregung und Belehrung, durch Versammlungen und Vorträge, durch genossenschaftliche Fachblätter und Bücher. Auch der rückwirkende Einfluß der ländlichen Genossenschaften ist nicht zu unterschätzen: der kapitalistische Großbetrieb wird zurückgedrängt, gegen industrielle und kommerzielle Syndikate und Kartelle wird ein Gegengewicht geschaffen, der vielfach schädliche Zwischenhandel wird ausgeschaltet, und das ganze Wirtschaftsleben wird durch die Genossenschaften mit sittlichen Grundsätzen durchdrungen.

B. Die landwirtschaftlichen Betriebsverhältnisse.

1. Typische landwirtschaftliche Betriebe des rheinischen Ruhrkohlengebietes.

Will man sich von der Lage der Landwirtschaft einer bestimmten Gegend, ihrer Betriebsweise und Rentabilität ein richtiges Bild machen, so kann das am besten geschehen durch eingehende Untersuchungen einzelner, für die betreffende Gegend typischer Betriebe. Diese Untersuchungen allein geben eine bestimmte Antwort auf die wichtige Frage: „Ist der landwirtschaftliche Betrieb in dem von Industrie und Bergbau so völlig beherrschten Gebiete noch rentabel?" Im allgemeinen bringen die ländlichen Besitzer dem an sie gestellten Verlangen nach genauer Auskunft über ihre Verhältnisse großes Mißtrauen entgegen. Abgesehen von wenigen sehr intelligenten Landwirten, die den Wert solcher wissenschaftlichen Untersuchungen sofort zu würdigen verstehen, wird man im allgemeinen nur dort Erfolg haben, wo man auf Grund eines persönlichen Bekanntseins das besondere Vertrauen des ländlichen Besitzers genießt. Eine weitere Schwierigkeit, genaue Angaben für eine Rentabilitätsberechnung zu erhalten, besteht darin, daß die meisten und insbesondere die kleineren Besitzer keine geordnete Buchführung haben und die Berechnungen deshalb nur auf Grund mündlicher Angaben der betreffenden Landwirte gemacht werden können. Von den nachfolgend mitgeteilten Erhebungen sind zwei auf Grund einer geordneten Buchführung erfolgt unter Benutzung eines von der Deutschen Landwirtschaftsgesellschaft aufgestellten Fragebogens, die übrigen dagegen nach einzelnen Notizen und Schätzungen der betreffenden Besitzer zusammengestellt worden.

I. Beschreibung eines 154 ha großen Gutes.

Das inmitten des Industriebezirkes gelegene, sehr intensiv bewirtschaftete Gut ist in Händen eines außerordentlich tüchtigen Besitzers. Von dem gesamten Gutsareal sind: 80,5 ha Ackerland, 0,5 ha Garten, 30 ha gute Dauerweiden, 6 ha geringe Dauerweiden,

6 ha Wege und Hofraum und 31 ha Wald. Die Oberflächengestaltung ist, soweit nicht Bodensenkungen durch Kohlenbergbau eingetreten sind, eben. Nach der Beschaffenheit des Bodens besteht die Ackerkrume aus 12,5 ha sandigem, 15 ha mildem und 33 ha schwerem Lehmboden. Der Untergrund hat stellenweise Lette und Ton.

Bezüglich der Verkehrslage des Gutes ist zu bemerken, daß es etwa 2,5 km von dem Marktorte einer größeren Stadt entfernt ist. Von den Wirtschaftswegen entfallen a) auf Kunststraßen 2,5 km, b) auf Landwege 1 km, c) auf Feldwege 800 m. Der Besitz ist von jeher geschlossen gewesen; eine Zusammenlegung hat hier nicht stattgefunden.

Das Gut wird im allgemeinen in einer Fruchtfolge bewirtschaftet. Außer dem selbstgewonnenen Stalldünger finden Handelsdünger, und zwar Kalk, Chilisalpeter, Kainit und Thomasphosphatmehl, ziemlich reichliche Verwendung; dagegen kommt Gründünger nicht zur Anwendung. Das Anbauverhältnis der Hauptfrüchte ist folgendes: 20 ha Winterroggen, 18 ha Winterweizen, 15 ha Hafer, 9,5 ha Futterpflanzen, 1 ha einjähriges Grünfutter, 12 ha Kartoffeln und 5 ha Futterrüben.

Von der Gesamtackerfläche werden jährlich 25 % mit Stalldünger (350 dz pro ha), 50 % mit Kunstdünger (4 dz pro ha) und 17 % mit Kalk (39 dz pro ha) gedüngt. Von den Dauerweiden werden jährlich gedüngt 10 % mit Kompost (8 cbm pro ha), 10 % mit Jauche (4 cbm pro ha), 35 % mit Handelsdünger (3 dz Thomasphosphatmehl und 6 dz Kainit pro ha) und schließlich 18 % mit Kalkmergel (40 dz pro ha).

Die tierischen Arbeitskräfte bestehen aus 12 kräftigen Pferden. Das Höchstladegewicht für das Pferdegespann (zweispännig) beträgt für Landwege 20 dz und für Kunststraßen 45 dz.

An menschlichen Arbeitskräften sind im Betriebe dauernd beschäftigt: 1 Verwalter, 1 Gärtner, 5 vertraglich gebundene Arbeiter in Gutshäusern, 5 Knechte, 4 Mägde und 1 nicht vertraglich gegebundener Arbeiter in eigener Wohnung. Wanderarbeiter finden keine Verwendung.

Die jährlichen Ausgaben der oben genannten Arbeitskräfte an Geld und Naturallohn berechnen sich wie folgt:

Arbeitskräfte	Geldlohn	Naturallohn und Miete	Haushaltsanteil	Gesamtaufwand
	Mk.	Mk.	Mk.	Mk.
1 Verwalter . . .	1000	—	600	1600
5 vertr. geb. Arbeiter	4560	1293	—	5853
1 freier Arbeiter . .	950	12	—	962
5 Knechte	1870	—	2190	4060
4 Mägde	880	—	1460	2340
			Insgesamt	14815

An Akkordlöhnen für vertraglich gebundene und freie Arbeiter werden bezahlt:

Für Wintergetreide mähen	Mk.	16	pro ha
„ „ binden und aufsetzen	„	8	„
Für Sommergetreide mähen	„	14	„
„ „ binden u. aufsetzen	„	7,20	„

Betreffs des Nutzviehstandes ist folgendes zu erwähnen: Es werden 5 Fohlenstuten im Alter von 4—12 Jahren gehalten; die Zuchtrichtung ist der rheinisch-belgische Kaltblutschlag. Es findet nur Abmelkwirtschaft und keine Aufzucht des Rindviehs statt. Der Abmelkstall enthält 40 über zwei Jahre alte Kühe verschiedener Schläge. Das durchschnittliche Lebendgewicht der Kühe beträgt 600 kg. Es findet nur Milchverkauf statt. Die Anzahl der vorhandenen Schweine beträgt 25, darunter 5 Zuchtsauen der Minden-Ravensberger Rasse, gekreuzt mit Yorkshire. Die Ferkel werden, soweit sie nicht für den eigenen Bedarf verbraucht werden, verkauft. Als Futter erhalten die Pferde pro Kopf 6 kg Hafer, 1 kg Melasse, 1 kg Häcksel und 5 kg Heu. Von dem Rindvieh wird nur die eine Hälfte im Sommer (Mai bis Oktober) tagsüber zur Weide getrieben, während bei der anderen Hälfte während des ganzen Jahres die Stallfütterung durchgeführt wird. Die Grundlage der Winterfütterung bildet für 40 Kopf 200 Tage lang täglich: 2000 kg Schlempe, 40 kg Spreu, 50 kg Rübenschnitzel, 50 kg Erdnußmehl, 37,5 kg Bohnenmehl, 50 kg Melasse, 150 kg Heu, 100 kg Stroh und 500 kg Runkelrüben. Wenn die Milchergiebigkeit auf 6 l pro Tag heruntergegangen ist, sind die Tiere bei dieser Fütterung fett und werden dem Metzger zugeführt. Das Futter der Schweine besteht aus Getreideabfallschrot, Gerstenmehl, Kartoffeln und Gemüseabfällen.

An landwirtschaftlichen Geräten und Maschinen sind in dem Betriebe vorhanden: 6 Karrenpflüge, 2 Balancepflüge, 2 Häufelpflüge, 4 Exstirpatoren, 7 verschiedene Eggen, 3 Walzen, 1 Düngerstreuer, 1 Drillmaschine, 2 Grasmähmaschinen, 1 Bindemähmaschine, 1 Pferderechen, 1 Heuwender, 6 zweirädrige Karren, 7 Arbeitswagen, 1 Arbeitsschlitten, 1 Göpeldreschmaschine, 1 Windfege, 1 Trieur, 2 Getreidereinigungsmaschinen und 1 Häckselmaschine.

An Getreideerträgen wurden erzielt:

im Jahre	Weizen		Roggen		Hafer	
	Fläche ha	im ganzen dz	Fläche ha	im ganzen dz	Fläche ha	im ganzen dz
1904/5	13	228	19	336	12,75	229
1905/6	14,5	279	19	362	13,5	295
1906/7	18,2	355	17,85	312	14,5	256
1907/8	13	266	21,5	460	16	227
1908/9	17	255	18	367	11	225

Es fanden Verwendung:

im Jahre	Weizen			Roggen			Hafer		
	Saatgut dz	Haushalt dz	Verkauf dz	Saatgut dz	Haushalt dz	Verkauf dz	Saatgut dz	Haushalt dz	Verkauf dz
1909	18,0	30,0	165,0	29,5	16,0	305,0	18,0	207,0	—
1908	24,5	28,0	199,0	27,0	14,0	369,0	18,5	209,5	—
1907	18,0	31,0	264,0	28,5	15,0	254,0	20,0	236,0	—
1906	23,5	32,0	174,0	23,5	17,0	273,0	18,0	277,0	—
1905	19,0	34,0	175,0	26,5	28,0	261,0	18,0	211,0	—

Außerdem werden jährlich ca. 12 ha mit Kartoffeln bepflanzt; 10 ha hiervon werden im Herbst rutenweise auf dem Felde verkauft und mit 1,20 pro Quadratrute = 14,2 qm bezahlt; zum Teil pflanzen die in der Umgebung wohnenden Arbeiterfamilien selbst die Kartoffeln in das gedüngte Ackerland und bezahlen dann dafür 0,80 Mk. pro Quadratrute[1].

Betriebsergebnisse. — Nach dem Kassenbuche betrugen die Einnahmen:

Gegenstand	1905/06	1906/07	1907/08	1908/09	1909/10
Körnerfrüchte . . .	7771	8363	11288	12665	9245
Hackfrüchte	5544	6073	5220	6456	5148
Fettvieh	23729	23780	25836	23701	22791
Zugvieh	—	1292	2092	692	1678
Schweine	1700	867	893	1194	2547
Federvieh	410	381	747	806	706
Pacht und Miete . .	3290	3268	2993	2948	2938
Holz	1193	—	1608	1880	1076
Weidegeld	2182	2232	2255	2194	2338
Stroh	1503	1433	1014	794	861
Verschiedenes . . .	1900	1800	1900	1284	1240
Gesamteinnahme . .	49222	49498	55846	53915	51326

Die Ausgaben betrugen nach dem Kassenbuche:

Gegenstand	1905/06	1906/07	1907/08	1908/09	1909/10
Gehalt und Lohn . .	7890	7825	11552	11202	10395
Haushalt	4240	4359	4267	2973	6095
Zugvieh	128	—	—	—	—
Nutzrindvieh	2876	178	2795	—	2297
Saatgut	515	429	849	751	745
Dünger	1440	715	1675	1600	1345
Futtermittel	8304	13465	13156	10183	11913
Gebäudeunterhaltung u. Abschreibung .	3690	3263	5137	4372	4100
Maschinen u. Geräte .	2212	1677	4334	2980	3793
Abgaben u. Lasten .	1870	1670	2007	1898	1818
Wasser.	517	640	445	392	644
Verschiedenes . . .	3106	4893	4304	4436	3095
Gesamtausgabe . . .	36788	39314	50521	40787	46240

[1] Bei 20000 kg Ertrag auf 1 ha geben 14,2 qm 28,4 kg Kartoffeln.

Da in den obigen Einnahmen der Mietswert der herrschaftlichen Wohnung, die Naturalleistungen an den Haushalt des Besitzers und die größeren Neuanschaffungen, in den Ausgaben die Leistungen des Besitzers, Wert der Beköstigung von Wirtschaftspersonen im Haushalt des Besitzers und die Tilgungsbeiträge für Gebäude und für größere Maschinen enthalten sind, so stellt die Differenz zwischen den Gesamteinnahmen und Gesamtausgaben den jährlichen Reinertrag des Gutes dar.

Es ergibt sich somit folgende Bilanz:

Jahr	Einnahmen	Ausgaben	Reinertrag des Gutes
1905—1906	49222 Mk.	36788 Mk.	12434 Mk.
1906—1907	49498	38314	10184
1907—1908	55846	50521	5325
1908—1909	53915	40787	13128
1909—1910	51326	46240	5086
		Im Durchschnitt	9231,40[1]

II. Beschreibung eines 67,5 ha großen Gutes.

Das Gut, dessen verantwortlicher Leiter der Besitzer selbst ist, liegt in einer hügeligen Gegend ca. 150 m über dem Meeresspiegel. Nach Nutzungsarten getrennt besteht das Gut aus: 50,5 ha Acker, 1 ha Garten und Teich, 3 ha zweischürigen Bewässerungswiesen, 2 ha guten Dauerweiden und 3 ha Hofraum und Böschungen; verpachtet sind 8 ha Ackerland. Die Bodenoberfläche ist teils eben, teils hügelig und bergig, die Ackerkrume besteht zu 40 ha aus mildem Lehmboden und zu 10,5 ha aus schwerem Lehmboden mit undurchlässiger Kiesschicht. Der Untergrund hat vielfach Kies und Hottenstein. In dem geschlossenen Gute liegt der Wirtschaftshof ziemlich in der Mitte der Feldmark und die größte Entfernung des Feldes vom Wirtschaftshof beträgt etwa 1 km. Nach Angabe des Besitzers ist das Gut im allgemeinen frei bewirtschaftet worden unter Anwendung von Stalldünger und Kalk; da der Eigentümer nunmehr zur nutzviehlosen Wirtschaft übergehen will, hat er jetzt mit Gründüngung begonnen. Das Anbauverhältnis war bisher folgendes: 7,5 ha Rotklee, 10,5 ha Roggen, 15 ha Weizen, 7,5 ha Hafer, 4 ha Runkelrüben, 4 ha Kartoffeln und 2 ha Wickfutter. Von der Ackerfläche wurden jährlich 40% gedüngt, und zwar hauptsächlich mit Stalldünger. In den letzten zwei Jahren wurden jedoch auch Thomasphosphatmehl und Kainit verwandt.

An tierischen Arbeitskräften stehen 7 kräftige Gebrauchspferde zur Verfügung. An menschlichen Arbeitskräften sind außer dem Besitzer im Betriebe dauernd tätig: 1 Verwalter, 1 Wirtschafterin, 1 Gärtner, 2 Viehwärter, 6 Knechte und 3 Mägde. Es erhielten dieselben an barem Geldlohn: 1 Verwalter 500 Mk., 1 Wirtschafterin 500 Mk., 2 Viehwärter je 600 Mk., 1 Knecht 420 Mk., 3 Knechte je

[1] S. auch S. 80ff.

360 Mk., 2 jüngere Knechte je 180 Mk., 2 Mägde je 300 Mk., 1 Magd 180 Mk. und 1 Gärtner 480 Mk. Außerdem wurden an Tagelohn 780 Mk. verausgabt.

Pferdezucht wird nur in geringem Umfange betrieben, und zwar werden jährlich 1 oder 2 Fohlen gezüchtet. Bisher wurde auf dem Gute reine Abmelkwirtschaft betrieben. Wegen deren angeblicher Unrentabilität will der Besitzer sie jetzt aufgeben und zur nutzviehlosen Wirtschaft übergehen. Die Anzahl der bisher vorhandenen Milchkühe betrug 30 Stück im Gewichte von 600—700 kg. An Schweinen werden 12 Stück gehalten; Aufzucht findet nicht statt. Die im Betriebe vorhandenen landwirtschaftlichen Geräte und Maschinen bestehen aus: 3 Karrenpflügen, 1 Häufelpflug, 2 Exstirpatoren, 1 Polieregge, 1 Walze, 1 Düngerstreuer, 1 Drillmaschine, 1 Hackmaschine, 1 Grasmähmaschine, 1 Getreidemähmaschine, 1 Bindemähmaschine, 1 Pferderechen, 1 Heuwender, 3 Erntewagen, 4 Schlagkarren, 1 Schlempewagen, 1 Gemüsewagen, 2 Jauchekarren, 1 Windfege, 1 Getreidereinigungsmaschine und 1 Häckselmaschine.

Nach dem Kassenbuche betrugen die Einnahmen und Ausgaben vom 1. Juli 1909 bis zum 1. Juli 1910:

a) Einnahmen:

Körnerfrüchte	Mk.	10383,57
Kartoffeln	„	2670,70
Stroh	„	149,—
Fette Kühe	„	8382,49
Kälber	„	690,75
Fette Schweine	„	449,85
Federvieh und Eier	„	560,08
Milch	„	20317,61
Gemüse	„	583,63
Hausmiete	„	870,—
Landpacht	„	1600,75
Summa	Mk.	44447,03

b) Ausgaben:

Gehalt und Löhne	Mk.	5808,40
Haushalt	„	3696,51
Ferkel	„	270,—
Milchvieh	„	11550,—
Pferde	„	400,—
Saatgut	„	1691,91
Dünger	„	1188,97
Futtermittel	„	9908,51
Unterhaltung und Tilgungsbeträge für Gebäude und Maschinen	„	16501,15
Wirtschaftsbedürfnisse	„	1276,29
Verschiedenes	„	2428,46
Summa	Mk.	39217,24

Da man den Wert der Naturalien für die nicht im Betriebe beschäftigten Familienmitglieder gleich dem Gehalt des Besitzers setzen kann, so stellt die Differenz zwischen der obigen Gesamteinnahme und Gesamtausgabe den Wirtschaftsreinertrag dar. Es ergibt sich demnach folgende Bilanz:

Einnahmen	Mk. 44447,03
Ausgaben	„ 39217,24
Reinertrag des Gutes	Mk. 5229,79[1]

III. Beschreibung eines 35 ha großen Gutes.

Das betreffende Gut liegt etwa 4 km von dem Mittelpunkte der Stadt Essen entfernt. Die Ackerkrume besteht vorwiegend aus mildem Lehmboden. Von der gesamten Gutsfläche entfallen auf: Ackerland 25 ha, Weiden 3,5 ha, Wiesen 3,5 ha, Wald 2 ha und Hofraum 1 ha.

Es werden jährlich angebaut: 5—6 ha Roggen, 5—6 ha Weizen, 4—5 ha Hafer, 3—5 ha Klee und etwa 2,5 ha Kartoffeln. An Ernteerträgen werden durchweg erzielt:

Weizen	2340	kg	Körner	pro	ha
Roggen	22100	„	„		„
Hafer	2180	„	„		„
Kartoffeln	14400	„			„
Kleeheu	6340	„			„

An Vieh werden gehalten: 3 volljährige Arbeitspferde (Rheinische Belgier), 4 Fohlen, 18 Milchkühe, 6 Schweine und etwa 50 Hühner.

Die Fohlen werden selbst gezüchtet und aufgezogen. Beim Rindvieh findet keine Aufzucht statt; es wird reine Abmelkwirtschaft getrieben. Der Preis für tragende Milchkühe beträgt durchschnittlich 400—550 Mk., während für das gleiche Fettvieh nur 350—500 Mk. erzielt werden. Die Differenz zwischen dem Ankauf und dem späteren Verkauf beträgt somit durchschnittlich für jedes Tier 50 Mk. Die Kälber werden ca. 8 Tage alt zu einem Preise von 40—60 Mk. verkauft. Die Fütterung des Rindviehs geschieht hauptsächlich mit nassen Trebern, gemischt mit Leinmehl, Baumwollsaatmehl und Gerstenmehl. Jedes Tier erhält hiervon pro Tag ca. 100 Pfund und außerdem noch Rüben und Heu nach Bedarf. Schweine werden nur für eigenen Bedarf gemästet und die Ferkel angekauft.

Außer dem den Betrieb leitenden Besitzer und seiner Frau sind an Arbeitskräften vorhanden: 1 Viehwärter, 2 Knechte, 2 Pferdejungen und 2 Dienstmädchen.

An barem Geldlohn erhalten: 1 Viehwärter 720 Mk., 1 Knecht 720 Mk., 1 Knecht 540 Mk., 1 Pferdejunge 300 Mk., 1 Pferdejunge 240 Mk., 1 Dienstmädchen 240 Mk. und 1 Dienstmädchen 260 Mk.

Nach den heutigen Preisen wird der Boden vom Besitzer mit 12000 Mk. pro ha bewertet. Die aufstehenden Gebäude sind mit 70000 Mk. versichert.

---

[1] S. auch S. 80ff.

a) Einnahmen:

Korn	Mk.	5000
Stroh	„	1800
Fettvieh	„	4000
Kälber	„	600
Milch	„	13237
Kartoffeln	„	1296
Eier	„	100
Naturallieferung für die nicht im Betriebe beschäftigten Familienmitglieder	„	1000
Sonstige Einnahmen	„	300
Summa	Mk.	27333

b) Ausgaben:

Arbeitseinkommen des Besitzers und seiner Frau	Mk.	1000
Gehalt und Löhne für das Hausgesinde	„	2856
Akkord- und Tagelöhne	„	600
Milchvieh	„	4500
Schweine	„	120
Künstliche Düngemittel	„	1500
Kraftfutter	„	4894
Instandhaltung und Abschreibung der Gebäude und Maschinen	„	2200
Verschiedene Wirtschaftsbedürfnisse	„	1200
Versicherungen und sonstiges	„	1000
Summa	Mk.	19670

Es ergibt sich hieraus folgende Bilanz:

Einnahmen	Mk.	27333
Ausgaben	„	19670
Wirtschaftsreinertrag	Mk.	7663 [1]

IV. Beschreibung eines Betriebes von 34 ha.

Auf dem betreffenden Gute wirtschaftet ein junger Besitzer mit seiner Frau. Die Ackerkrume besteht aus mildem Lehmboden von guter gleichmäßiger Beschaffenheit. Der Kulturart nach entfallen 39 ha auf Ackerland und 4 ha auf Wiesen und Weiden.

Die Bewirtschaftung des Ackers geschieht in folgender feststehender Fruchtfolge:

1. Weizen gedüngt mit Stall- und Kunstdünger.
2. Roggen nur gedüngt mit Handelsdünger.

[1] S. auch S. 80ff.

3. Klee nicht gedüngt.
4. Hafer nicht gedüngt.
5. 50 % mit Hackfrüchten und 50 % mit Weizen stark gedüngt mit Stall- und Kunstdünger.
6. 50 % mit Weizen und 50 % mit Roggen gedüngt mit Stall- und Kunstdünger.

Das Anbauverhältnis der einzelnen Früchte ist folgendes: 8 ha Roggen, 6,5 ha Weizen, 6,5 ha Hafer, 4 ha Klee, 1,5 ha Kartoffeln, 2 ha Runkelrüben und 1 ha Steckrüben. Von der den Kartoffeln eingeräumten Fläche wird die Ernte von etwa 1 ha auf dem Felde rutenweise verkauft und mit 1,20 Mk. pro Quadratrute bezahlt.

Die Ernteerträge betragen durchweg:

Weizen	3060	kg pro ha
Roggen	2840	„ „
Hafer	2950	„ „
Kartoffeln	14400	„ „

An Vieh werden gehalten: 3 volljährige schwere Ackerpferde, 12 Milchkühe, 4 Schweine und 50 Hühner. Pferdezucht findet nicht statt; bei Bedarf werden geeignete Tiere durch Kauf erworben und mit ca. 1000 Mk. pro Stück bezahlt. Die Abmelkwirtschaft wird hier in der Weise geführt, daß nicht alle Tiere durch frische ersetzt werden, sondern etwa $^1/_3$ der am meisten geeigneten Milchkühe wird zum Stier gelassen und bleibt dem Bestande erhalten. Aufzucht von Jungvieh findet jedoch nicht statt. Zur Fütterung des Rindviehes kommen zur Anwendung pro Kuh und Tag: 20 kg nasse Treber, 1 kg Leinmehl, 1 kg Baumwollsaatmehl, 45 kg Runkelrüben, wenig Heu, dagegen Stroh nach Belieben. Der Dünger wird täglich zweimal aus dem Stall in gedeckte Düngergruben gebracht. Der Wert der gekauften tragenden Milchkühe schwankt zwischen 450 und 550 Mk., beim Verkauf derselben als Fettvieh werden nur etwa 380—480 Mk. erzielt. Die Differenz beträgt somit 70 Mk., da der Wert des Kalbes mit 40—55 Mk. bereits von der Kaufsumme in Abrechnung gebracht ist. Schweine werden nur für den eigenen Bedarf gemästet, und zwar jährlich 4 Stück, die im Alter von 3 Monaten für 40—45 Mk. angekauft werden. Auf dem Hofe werden etwa 50 Hühner gehalten; $^2/_3$ der gewonnenen Eier gelangen zum Verkauf.

An Arbeitskräften sind vorhanden:

1 Viehwärter mit einem Lohn von Mk. 600 neben freier Station;
2 Großknechte mit einem Lohn von je Mk. 400 neben freier Station;
1 Kleinknecht mit einem Lohn von Mk. 240 neben freier Station;
2 Dienstmädchen mit einem Lohn von je Mk. 200 neben freier Station;
1 jüngeres Mädchen mit einem Lohn von Mk. 150 neben freier Station.

Der Boden hat nach den in der nächsten Umgebung bezahlten Preisen einen Wert von 6000 Mk. pro ha. Der Wert der aufstehenden Gebäude beträgt 58500 Mk.

a) Einnahmen:

Naturallieferung für die nicht im Betriebe beschäftigten Familienmitglieder	Mk.	600
Weizen	„	3300
Roggen	„	2400
Hafer	„	800
Kartoffeln	„	648
Runkelrüben und Steckrüben	„	900
Stroh	„	1500
Heu	„	300
Klee	„	250
Fettvieh	„	3440
Kälber	„	480
Milch	„	9135
Eier	„	100
Summa	Mk.	24253

b) Ausgaben:

Arbeitseinkommen des Besitzers und seiner Frau	Mk.	900
Milchkühe	„	4000
Pferde	„	300
Schweine	„	160
Nasse Treber	„	2340
Kraftfutter (Mehl)	„	1440
Künstliche Düngemittel	„	1608
Saatgut	„	165
Gesindelöhne	„	2290
Akkord- und Tagelöhne	„	700
Instandhaltung der Ackergeräte	„	800
Versicherungsgebühren	„	250
Verschiedene Haushaltungsbedürfnisse	„	1000
Abschreibung	„	1200
Summa	Mk.	17093

Es ergibt sich somit die Bilanz:

Einnahmen	Mk.	24253
Ausgaben	„	17093
Wirtschaftsreinertrag	Mk.	7160[1]

V. Beschreibung eines 13,5 ha großen Betriebes.

Auf dem betreffenden Hofe wirtschaftet der Besitzer mit seiner Frau. An Ackerland sind 12,5 ha, an Garten 0,5 ha und an Wiesen und Weiden ebenfalls 0,5 ha vorhanden. Die Ackerkrume besteht teils aus mildem, teils aus schwerem Lehmboden erster und zweiter Klasse.

[1] S. auch S. 80ff.

Es wird auf dem Gute nach folgender Fruchtfolge gewirtschaftet:

1. Weizen gedüngt mit Stalldünger;
2. Roggen gedüngt mit Stall- oder Kunstdünger;
3. Klee nicht gedüngt;
4. Hafer nicht gedüngt;
5. $^2/_3$ Hackfrüchte, $^1/_3$ Weizen stark gedüngt mit Stall- und Kunstdünger.

Durchschnittlich werden jährlich angebaut: 11 Morgen mit Roggen, 10—11 Morgen mit Weizen, 9 Morgen mit Klee, 4 Morgen mit Kartoffeln und 4 Morgen mit Rüben. Das Kartoffelland wird zur Hälfte verpachtet zum Preise von 144 Mk. pro Morgen.

Die Ernteerträge waren in den letzten Jahren folgende:

Roggen	2300 kg pro ha
Weizen	2600 ,, ,,
Hafer	2600 ,, ,,
Kleeheu	6000 ,, ,,
Kartoffeln	19000 ,, ,,

An Vieh werden gehalten: 2 volljährige schwere Ackerpferde, 6 Milchkühe, 4 Mastschweine und 55 Hühner. Der Besitzer betreibt reine Abmelkwirtschaft. Die in der Wirtschaft gewonnene Milch (78 l täglich) wird zum Preise von 15 Pfg. pro Liter an den Milchhändler abgegeben, der sie in der benachbarten Stadt für 20 Pfg. wieder verkauft. Die tägliche Fütterung des Rindviehes besteht aus: 2,5 kg Malzkeimen, 1 kg Kleie, 1,5 kg Baumwollsaatmehl, 1,5 kg Leinmehl, 35 kg Runkelrüben, 5 kg Hafer, Stroh und Spreu und etwa 2 kg Heu. Im Sommer wird viel Klee gefüttert. Der Preis der für den Betrieb gekauften tragenden Milchkühe beträgt durchschnittlich 400—450 Mk., für die fetten Tiere werden gewöhnlich 350—450 Mk. gelöst. Die im Betriebe gemästeten Schweine werden für den eigenen Bedarf gebraucht; Aufzucht findet hier nicht statt, sondern es werden etwa 6 Monate alte Tiere im Preise von 60—70 Mk. angekauft.

Außer der Arbeitskraft des Besitzers und seiner Frau sind im Betriebe dauernd tätig: 1 Großknecht, 1 Pferdejunge und 2 Dienstmädchen. Es erhalten dieselben an Lohn:

1 Großknecht	Mk. 480
1 Pferdejunge	,, 420
1 Dienstmädchen	,, 240
1 Dienstmädchen	,, 180

Außerdem wird vorübergehend 1 Tagelöhner beschäftigt, der außer der Kost 3 Mk. pro Tag erhält. Die Kost für das Gesinde im Haushalt des Besitzers wird mit 400 Mk. für die Knechte und mit 300 Mk. für die Mägde veranschlagt. Die Erntearbeiten werden zum Teil an holländische Schnitter im Akkord vergeben, und zwar wird für das Mähen des Wintergetreides durchschnittlich 14 Mk. pro ha und bei Lagerfrucht entsprechend mehr (etwa 20 Mk.) nebst freier Kost bezahlt

Der durchschnittliche Wert des Bodens wird unter Zugrundelegung der in der nächsten Umgebung bezahlten Preise vom Besitzer mit 12000 Mk. pro ha bewertet. Die Wirtschaftsgebäude sind mit 27700 Mk. versichert.

Es betragen die Einnahmen und Ausgaben der Wirtschaft:

a) Einnahmen:

Naturallieferung für die nicht im Betriebe beschäftigten Familienmitglieder	Mk.	750,—
Roggen (4800 kg)	„	800,—
Weizen (500 kg)	„	1200,—
Hafer (1000 kg)	„	150,—
Kartoffeln	„	300,—
Steckrüben	„	100,—
Stroh	„	500,—
Kleeheu	„	100,—
6 fette Kühe	„	2200,—
6 Kälber	„	300,—
Milch	„	4270,50
Eier	„	100,—
Obst und Gemüse	„	150,—
Verschiedenes	„	100,—
Summa	Mk.	11020,50

b) Ausgaben:

Arbeitseinkommen des selbst wirtschaftenden Besitzers und seiner Frau	Mk.	750,—
Gesindelöhne	„	1020,—
Tag- und Akkordlöhne	„	150,—
Zukauf von Milchvieh	„	2700,—
Pferde	„	100,—
Schweine	„	200,—
Futtermittel	„	1800,—
Künstliche Düngemittel	„	200,—
Sämereien	„	100,—
Instandhaltung der Ackergeräte	„	300,—
Instandhaltung und Abschreibung der Gebäude	„	600,—
Versicherungen	„	140,—
Verschiedene Wirtschaftsbedürfnisse	„	500,—
Summa	Mk.	8560

Es ergibt sich somit die Bilanz:

Einnahmen	Mk.	11020,50
Ausgaben	„	8560,—
Wirtschaftsreinertrag	Mk.	2460,50[1]

[1] S. auch S. 80ff.

2. Statistik der landwirtschaftlichen Bodenbenutzung.

Seit dem Jahre 1878 besitzen wir im Deutschen Reiche eine Reihe von amtlichen Erhebungen über die landwirtschaftliche Bodennutzung, die gegenüber den früheren approximativen Angaben einen bedeutend höheren Anspruch auf Richtigkeit erheben können. Diese Erhebungen erfolgen unter Zugrundelegung des in den Katasterdokumenten niedergelegten Urkundenmaterials in Verbindung mit der sachverständigen Schätzung ortskundiger Personen. Um zunächst ein Bild davon zu geben, welchen Anteil die landwirtschaftlich benutzten Flächen an der Gesamtfläche unseres Bezirkes haben, mögen die betreffenden statistischen Angaben hier Platz finden.

Es betrugen im Gebiete des alten Kreises Duisburg:

Jahr	Gesamtfläche	Landwirtschaftlich benutzte Fläche im ganzen	% der Gesamtfläche
1835	64655,2	39321,2	62,4
1878	66713,0	45753,0	68,6
1900	67026,3	39074,5	58,3
1907	67048,6	28845,0	43,1

Die landwirtschaftlich benutzte Fläche wuchs somit infolge der Urbarmachung von Ödländereien sowie der Umwandlung von Waldbeständen in landwirtschaftliche Kulturen in dem Zeitraume von 1835—1878 um 6431,8 ha. Seit dem Jahre 1878 sind in einem Zeitraume von 29 Jahren nicht weniger als 16908 ha, d. h. rund 25% der Gesamtfläche oder 37% der bisher landwirtschaftlich benutzten Fläche der Industrie zum Opfer gefallen.

Von der landwirtschaftlich benutzten Fläche nahmen ein:

Jahr	Acker und Gartenland ha	Wiesen und Weiden ha
1835	29248,4	10073,8
1878	29571,1	16181,9
1900	28093,3	10981,2
1907	19956,1	8888,9

Aus obigen Zahlen ergibt sich, daß die Steigerung der landwirtschaftlich nutzbaren Fläche in dem Zeitraume von 1835—1878 fast ausschließlich den Wiesen und Weiden zugute gekommen ist, während von 1878—1900 sich ein starker Rückgang im Umfange der Wiesen und Weiden zeigt. Bei der steigenden Inanspruchnahme des Ackerlandes durch die Industrie sind offenbar von 1878 ab viele für den Ackerbau taugliche Weideflächen wieder in Ackerland umgewandelt worden, um die für die Aufrechterhaltung des Betriebes nötigen Anbauflächen zu gewinnen. Es konnte dies um so unbedenklicher geschehen, da die Landwirtschaft bei der zunehmenden Abmelkwirtschaft und der damit verbundenen größeren Verwendung von Kraftfuttermitteln immer mehr zur Stallfütterung überging. Vom Jahre 1900 an zeigt das Ackerland eine stärkere Abnahme als die Wiesen und Weiden.

Über den Anteil der landwirtschaftlich nutzbaren Fläche an der Gesamtfläche in den einzelnen Teilen unseres Gebietes gibt nachfolgende Tabelle Aufschluß:

Kreise	Jahr	Gesamtfläche ha	Acker u. Gartenland ha	% der Gesamtfläche	Wiesen ha	% der Gesamtfläche	Weiden ha	% der Gesamtfläche
Duisburg	1878	3752,9	1113,6	29,7	32,3	0,9	925,0	24,6
	1900	3753,3	804,0	21,4	32,0	0,9	661,0	17,6
Mülheim a. d. R.	1878	43122,4	16710,8	38,8	848,4	2,0	11833,0	27,4
	1900	10177,2	5296,0	52,0	303,9	3,0	813,9	8,0
Ruhrort	1900	32953,8	11227,0	34,1	728,8	2,2	5910,2	18,1
Essen-Stadt . .	1878	880,9	397,6	45,1	20,6	2,3	3,2	0,4
	1900	966,9	353,6	36,6	13,0	1,3	—	—
Essen-Land . . .	1878	18956,8	11349,1	59,9	944,2	5,0	1575,2	8,3
	1900	19176,1	10412,7	54,3	1003,5	5,2	1464,9	7,6
Insgesamt . . .	1878	66713,0	29571,1	44,3	1845,5	2,8	14336,4	21,5
	1900	67026,3	28093,3	41,9	2081,2	3,1	8900,0	13,3

Den größten Anteil an der landwirtschaftlich nutzbaren Fläche besitzen naturgemäß die Landkreise Essen, Mülheim a. d. Ruhr und Ruhrort; indes zeigt sich in ihnen ebenso wie in den Stadtkreisen eine Abnahme der Fläche des Ackerlandes. Wenn auch nach Möglichkeit versucht wird, jedes Fleckchen Land nutzbar zu machen, so ist doch auf der anderen Seite das Vordringen der Industrie in die ländlichen Gebiete ein so rapides, daß die damit verbundene Inanspruchnahme des Ackerbodens selbst durch Heranziehen des Öd- und Unlandes für landwirtschaftliche Zwecke nicht ausgeglichen werden kann.

Der sehr hohe Anteil der Weideflächen, besonders im Kreise Ruhrort, ist durch die natürlichen Verhältnisse bedingt. In den Flußtälern des Rheines, der Ruhr und der Emscher befinden sich große natürliche Wiesen und Weidegründe, die den meist viehstarken Wirtschaften dieser Bezirke die sicherste Grundlage bieten. Diese Grasböden liefern darum in ihrer Benutzung als Weide wirtschaftlich den höchsten Ertrag, und es würde ein ebenso großer Fehler sein, wollte man diese graswüchsigen Flächen in Ackerland umwandeln, als wenn man minderwertige Böden zur Weidenutzung heranzieht; denn letztere erfordern zu ihrer Anlage zunächst ein hohes Kapital und für die Instandhaltung weitere hohe Aufwendungen. Weidewirtschaften sind deshalb im allgemeinen nur dort angebracht, wo gute graswüchsige Böden und ein ziemlich feuchtes Klima von Natur aus gegeben sind, und das trifft für einen großen Teil der Flußtäler unseres Gebietes zu.

Über die Benutzung des Ackerlandes und den Anbau der wichtigsten Feldfrüchte in den einzelnen Kreisen unseres Bezirkes gibt die amtliche Abbaustatistik Aufschluß.

Die Größe der Anbauflächen betrug:

Kreise	Jahr	Weizen ha	Roggen ha	Gerste ha	Hafer ha	Kartoffeln ha	Futterpflanzen ha
Duisburg . . .	1878	58,3	286,3	4,6	163,0	266,0	77,0
	1900	10,0	200,0	—	110,0	240,0	25,0
	1907	85,0	195,0	8,0	167,0	150,0	65,0
Mülheim a. d. R.	1878	1615,7	5679,7	140,2	2458,2	2518,5	1942,7
	1900	562,0	1399,9	9,4	884,1	1128,5	617,8
	1907	448,0	1070,0	4,0	720,0	641,0	479,0
Ruhrort	1900[1]	1016,5	4135,3	90,6	1842,6	1554,7	736,7
	1907	666,0	3882,0	21,0	1621,0	1420,0	501,0
Oberhausen . . .	1907[2]	—	45,0	—	10,0	150,0	—
Essen-Stadt . . .	1878	12,9	48,9	—	12,3	206,3	7,9
	1900	5,5	13,5	—	7,0	74,0	10,3
	1907	80,0	100,0	—	24,0	215,0	54,0
Essen-Land . . .	1878	1346,4	2783,1	123,7	1813,4	1478,5	1668,5
	1900	1400,6	2165,9	30,4	1887,6	1761,1	1487,3
	1907	1224,0	1995,0	17,0	1744,0	1596,0	1155,0
Insgesamt . . .	1878	3033,3	8798,0	268,5	4446,9	4269,3	3696,1
	1900	2994,1	7914,6	130,4	4731,3	4758,3	2877,1
	1907	2503,0	7287,0	50,0	4286,0	4172,0	2254,0

Der Anteil, den die einzelnen Fruchtarten an der Gesamtfläche haben, betrug in $^0/_0$ umgerechnet:

Kreise	Jahr	Weizen	Roggen	Gerste	Hafer	Kartoffeln	Futterpflanzen
Duisburg . . .	1878	1,6	7,6	0,1	4,3	7,1	2,1
	1900	0,3	5,3	—	2,9	6,4	0,7
	1907	2,2	5,0	0,2	4,3	3,8	1,6
Mülheim a. d. R.	1878	3,7	13,2	0,3	5,7	5,8	4,5
	1900	5,5	13,8	0,1	8,7	11,1	6,1
	1907	5,0	12,0	0,1	8,1	7,2	5,4
Ruhrort . . .	1900[1]	3,1	12,5	0,3	5,6	4,7	2,2
	1907	2,0	11,8	0,1	4,7	4,3	1,5
Oberhausen . . .	1907[2]	—	3,5	—	0,8	11,5	—
Essen-Stadt . .	1878	1,5	5,6	—	1,4	23,4	0,9
	1900	0,6	1,4	—	0,7	7,7	1,1
	1907	4,2	5,3	—	1,3	11,3	2,8
Essen-Land . . .	1878	7,1	14,7	0,7	9,6	7,8	8,8
	1900	7,3	11,3	0,2	9,8	9,2	7,8
	1907	6,8	11,1	0,1	9,7	8,9	6,4
Insgesamt . . .	1878	4,5	13,2	0,4	6,7	6,4	5,5
	1900	4,5	11,8	0,2	7,1	7,1	4,3
	1907	3,7	10,9	0,1	6,4	6,2	3,4

[1] Die Zahlen für 1878 sind in den Zahlen für den Kreis Mülheim a. d. Ruhr mitenthalten.
[2] Im Jahre 1901 wurde Oberhausen selbständiger Kreis; die Zahlen für 1878 und 1900 sind in denen des Kreises Mülheim a. d. Ruhr mitenthalten.

Die in unserem Bezirke am meisten angebaute Getreideart ist der Roggen. Seine Anbaufläche ist beinahe dreimal so groß wie die des Weizens, und im nordwestlichen Teile ist das Verhältnis gar wie 6 zu 1. Es hängt dies in erster Linie damit zusammen, daß der Norden und der Westen unseres Bezirkes vielfach sandige Bodenarten aufweisen, die bei Weizenbau keine sicheren Erträge mehr versprechen, jedoch beim Anbau des anspruchsloseren Roggens unter Zuhilfenahme von Grün- und Kunstdünger sehr befriedigende Resultate liefern. Den stärksten Anbau des Weizens finden wir im südöstlichen Teile, besonders im Essener Bezirk, wo er fast $^2/_3$ der Roggenfläche einnimmt.

Für den Anbau von Gerste ist der Boden weniger geeignet, so daß ihre Produktion den Landwirten nicht sehr lohnend erscheint. Daher hat der Gerstenanbau fast jede Bedeutung verloren.

Der Haferbau wird dagegen verhältnismäßig sehr stark betrieben, und es übertrifft die angebaute Fläche ganz bedeutend die des Weizens. Auf den besseren Bodenarten des südlichen Teiles ist sein Anteil an der Anbaufläche am größten.

Fast die gleiche Bodenfläche wie der Hafer nehmen die Kartoffeln ein. Sie werden dort am stärksten angebaut, wo durch die Nähe von Ortschaften und Arbeiterkolonien dem Landwirt die Möglichkeit geboten ist, dieselben parzellenweise auf dem Lande zu verkaufen.

Die Anbaufläche der Futterpflanzen stimmt sowohl der Fläche nach wie auch in der Verteilung auf die einzelnen Kreise ziemlich genau mit derjenigen des Weizens überein.

Besonders bemerkenswert ist, daß in einer so stark bevölkerten Gegend der Getreidebau fast $^2/_3$ der Acker- und Gartenfläche einnimmt. Als Ideal wird man dieses Verhältnis jedenfalls nicht ansprechen können. Unseres Erachtens würde eine Einschränkung des Getreidebaues und eine dementsprechende stärkere Ausdehnung des Hackfrucht- und Gemüsebaues für die Rentabilität der landwirtschaftlichen Betriebe nur von Vorteil sein. Das schon jetzt von vielen Landwirten geübte Verfahren, den in der Nähe wohnenden Arbeiterfamilien die Kartoffeln vor der Ernte parzellenweise zu verkaufen oder ihnen gedüngtes und bearbeitetes Ackerland zum Kartoffelpflanzen anzuweisen, könnte zweifellos noch viel weiter ausgedehnt werden. Wie dem Verfasser aus persönlicher Erfahrung bekannt ist, ist die Nachfrage hierin immer sehr groß und kann in vielen Fällen nicht befriedigt werden. Wenn die Landwirte dazu übergehen, regelmäßig größere Flächen für den Verkauf anzupflanzen, würde die Nachfrage sicher steigen. Werden doch jetzt alljährlich durch Vermittelung der Zechen und sonstigen industriellen Werke die Kartoffeln waggonweise von auswärts bezogen und an die Arbeiter zu billigem Preise abgegeben. Besonders der Bergarbeiter hat bei den günstigen Arbeitsverhältnissen so viel freie Zeit, daß die Ernte der für seinen Haushalt erforderlichen Kartoffeln für ihn weniger eine Arbeit als vielmehr eine Erholung in der frischen Luft bedeuten würde. Der Landwirt würde andererseits bei diesem Verfahren keine weiteren Arbeitskräfte nötig haben, als sie sein Betrieb auch sonst bedingt. Die für den Verkauf der Kartoffeln oder für die Überlassung des betreffenden Ackerlandes gewöhnlich bezahlten Preise von 218 und 144 Mk. pro Morgen oder, was dasselbe ist, 854 und 564 Mk. pro ha, sind so hoch[1], daß er einen derartigen Gewinn beim Getreidebau wohl niemals erzielen wird.

Auch dem Gemüsebau müßte größere Aufmerksamkeit geschenkt werden. Bei der äußerst starken Bevölkerung dieses Bezirkes ist der Absatz frischen Gemüses stets sicher und lohnend. Bisher ist jedoch leider der Gemüsebau in der ganzen Gegend sehr gering. Der größte Teil des verbrauchten Gemüses muß von auswärts bezogen werden. Es ist allerdings richtig, daß es auf den in nächster Nähe der Fabriken gelegenen Flächen schwierig sein würde, ein reinliches Gemüse zu erzielen, wegen der großen Mengen von Niederschlägen an Ruß und Kohlenstaub. Der Hauptgrund für die Vernachlässigung dieses Produktionszweiges dürfte aber doch darin liegen, daß die Landwirte und besonders die kleinen Besitzer, die für diese Betriebsweise hauptsächlich in Betracht kämen, im Gemüsebau wenig Erfahrung haben.

3. Der Ackerbau.

Große Umwälzungen und Umgestaltungen im wirtschaftlichen Leben haben in der Regel die Wahl eines neuen Wirtschaftssystems zur Folge. Von der richtigen Wahl dieses Systems hängt besonders in den landwirtschaftlichen Betrieben zu einem nicht geringen Teile der Erfolg der Unternehmung ab. Es soll damit natürlich nicht gesagt sein, daß der landwirtschaftliche Betriebsleiter irgendein Wirtschaftssystem beliebig auswählen und seinen Betrieb danach einrichten kann, vielmehr sind hierfür einzig und allein die natürlichen und wirtschaftlichen Grundlagen der betreffenden Gegend entscheidend. Auch wird immer der Übergang von einem als veraltet anerkannten zu einem den neuen Verhältnissen sich anpassenden System nur allmählich vor sich gehen können.

Als man in Deutschland zu Anfang des vorigen Jahrhunderts von der Dreifelderwirtschaft, welche der Landwirtschaft fast 1000 Jahre lang ihren Stempel aufgedrückt hatte, zu intensiveren Betriebsformen überging, vollzog sich dieser Wechsel bei den durch das Wesen der Landwirtschaft selbst und den konservativen Charakter der ländlichen Bevölkerung bedingten Verhältnissen naturgemäß nur ganz allmählich. Wie Schwerz in seiner aus dem Jahre 1816 stammenden „Beschreibung der Landwirtschaft in Rheinpreußen“ mitteilt, bewegte sich das Wirtschaftssystem schon damals nicht mehr im Rahmen der Dreifelderwirtschaft mit $^1/_3$ Brache. In den besseren Gegenden nahm die Brache damals nur noch den sechsten Teil der Ackerfläche ein. Schwerz steht noch auf dem Standpunkt, daß die Brache nicht ganz entbehrlich sei, weil man sonst den nötigen

---

[1] 1 Morgen = 25,53 ha = 180 Quadratruten.

Dünger nicht schaffen könne, und hatte damit für die damalige Zeit auch ganz recht. Ebenso finden wir in allen landwirtschaftlichen Betrachtungen der ersten Hälfte des vorigen Jahrhunderts die Befürchtung ausgesprochen, daß eine Fruchtfolge ohne Brache auf die Dauer sich nicht durchführen lasse und für den Boden zu anstrengend sei.

Nach v. Mülmann herrschte um 1860 in den damaligen Kreisen Essen und Duisburg auf den besseren Böden folgende Fruchtfolge vor: 1. Brache- oder Hackfrüchte; 2. Weizen; 3. Roggen; 4. Klee; 5. Hafer. Es ist demnach anzunehmen, daß vor einem halben Jahrhundert die Brache aus einer ganzen Reihe von Betrieben noch nicht völlig verschwunden war. Heute dagegen ist sie in unserem Bezirke kaum dem Namen nach bekannt. Nach der Statistik gab es im Jahre 1900 nur noch 295,5 ha als Brache bezeichnete Flächen, d. h. etwa 0,4% der Gesamtfläche oder 1,1% der landwirtschaftlich benutzten Fläche.

Daß in unserem Gebiete bei den verschiedenen wirtschaftlichen Verhältnissen, bedingt durch die Lage und Größe des Betriebes, Bodenqualität, Arbeiter- und Absatzverhältnisse und das zur Verfügung stehende Betriebskapital, das Wirtschaftssystem nicht ein einheitliches sein kann, liegt auf der Hand. Der in der Nähe von Ortschaften oder Arbeiterkolonien ansässige Landwirt, welcher günstige Gelegenheit zum Verkauf von Gemüsen und Hackfrüchten findet, wird in der Regel ein anderes System wählen als der an der Peripherie wohnende Besitzer, dem sich diese Gelegenheit nicht in dem Maße bietet. Und wiederum der Kleinbesitzer, der ohne fremde Hilfe wirtschaftet, ein anderes als der Großbesitzer, der nur auf fremde Kräfte angewiesen ist. In dem einen Falle wird nach einem System gewirtschaftet, das, nicht an feste Normen gebunden, einen möglichst weiten Spielraum für die zeitweise Bevorzugung einzelner Produktionszweige gestattet, während in dem anderen Falle eine geregelte Fruchtfolge ein für allemal feststeht. Das erste System ist die sogenannte freie Wirtschaft, das zweite die Fruchtwechselwirtschaft. Zwei Beispiele einer Fruchtfolge, wie sie in unserem Bezirke auf den besseren Bodenarten häufig vorkommen, sind in den Gutsbeschreibungen IV und V mitgeteilt.

Seitdem die Brache in Wegfall gekommen ist, ist neben dem Futterbau der Hackfruchtbau stark in den Vordergrund getreten. Dieser stellte aber an die Düngung des Ackerbodens ganz erhebliche Ansprüche. Da die bisherige Form der Düngerproduktion für die wesentlich erhöhten Bedürfnisse nicht mehr ausreicht, so mußten Mittel und Wege gefunden werden, die geeignet waren, Abhilfe zu schaffen. Daß dies erreicht wurde und die Kultur eine so wesentlich intensivere werden konnte, verdanken wir in erster Linie der Einführung des künstlichen Düngers. Die ersten Anfänge einer Kunstdüngeranwendung in größerem Maßstabe fallen in die Mitte des vorigen Jahrhunderts. Zuerst kam das Knochenmehl, dann gelangte besonders am Niederrhein der Peruguano allgemein in Aufnahme und erzielte Aufsehen erregende Erfolge. In den 60er Jahren verbreitete sich die Anwendung der Kalisalze und als Stickstoffdüngung Chilisalpeter und schwefelsaures Ammoniak. Als es dann schließlich gelang, die Phosphorsäure in den Superphosphaten in löslicher Form darzubieten und in dem bei der Stahlfabrikation als Nebenprodukt gewonnenen Thomasmehl der Landwirtschaft eine reiche Phosphorsäurequelle zu erschließen, war es möglich, den Kulturpflanzen alle notwendigen Nährstoffe auch auf künstlichem Wege zuzuführen. Über den Verbrauch der künstlichen Düngemittel besitzen wir leider keine Statistik. Es ist deshalb nicht möglich, selbst nur annähernd anzugeben, wieviel Kunstdünger in unserem Bezirke zur Anwendung gelangt. Wenn es aber gestattet ist, aus den in den fünf Gutsbeschreibungen mitgeteilten Angaben Schlüsse auf die gesamten landwirtschaftlichen Betriebe der Gegend zu ziehen, so können wir behaupten, daß der Kunstdüngerverbrauch ein sehr hoher ist.

Der beste organische Dünger, der Stallmist, hat in den letzten Jahrzehnten infolge der mit der Abmelkwirtschaft verbundenen stärkeren Rindviehhaltung und der überaus reichen Fütterung sowohl an Quantität wie an Qualität gewonnen. Bezüglich der Behandlung des Stalldüngers bleibt freilich noch mancherlei zu wünschen übrig, wenn auch nicht verkannt werden soll, daß gerade in diesem Punkte in letzter Zeit vieles besser geworden ist. In den gut geleiteten größeren Betrieben trifft man denn heute wohl ausnahmslos rationell angelegte gedeckte Düngergruben an.

Eine nicht ganz unerhebliche Bedeutung für die landwirtschaftlichen Betriebe in der Nähe der industriellen Ortschaften hat der Latrinendünger. Inwieweit derselbe in den einzelnen Betrieben zur Verwendung gelangen kann, hängt in erster Linie von den Zufuhrkosten ab. Für den Inhalt der Latrine selbst braucht nichts bezahlt zu werden, es wird im Gegenteil für die Entleerung der Grube noch eine kleine Vergütung gewährt. In der Regel übernimmt ein Unternehmer das Abfahren und bringt auf Wunsch des Landwirtes die Dungstoffe gleich auf die bestimmten Äcker, oder es wird der Inhalt mehrerer Latrinen in einer Sammelgrube vereinigt und später nach Bedarf verwertet. Da der Latrinendünger nur verhältnismäßig geringe Mengen an Kali und Phosphorsäure enthält, muß eine einseitige Verwendung nach Möglichkeit vermieden und gegebenenfalls durch Zugaben von kali- und phosphorsäurehaltigen Kunstdüngemitteln unterstützt werden.

Durch das Auftreten von Schulz-Lupitz veranlaßt, kam in neuerer Zeit eine Düngung zur Anwendung, die auf den leichteren Bodenarten eine ganz hervorragende Rolle spielt, nämlich die Gründüngung. Von den Gründüngungspflanzen kommen hauptsächlich die Lupine und die Seradella in Betracht. Jene wird gewöhnlich als Zwischenfrucht, diese als Unterfrucht angewandt. Die Wirkung der Gründüngung besteht hauptsächlich darin, daß eine Bereicherung des Bodens durch die Humus bildende organische Substanz in stärkerem Maße erfolgt, als dies durch die Ernterückstände möglich ist, und daß die Papilionaceen in bestimmten Fällen die Fähigkeit haben, mit Hilfe der Wurzelknöllchen den ungebundenen Stickstoff der Luft zu sammeln. Der Boden wird durch die Beschattung der Gründüngungspflanzen gar und unkrautfrei, die Ackerkrume wird vertieft und die Absorptionsfähigkeit des Bodens erhöht. Die Gründüngung wird jedoch auf die Dauer nur Erfolge zeitigen, wenn im Boden an mineralischen Nährstoffen, besonders an Kali und Phosphorsäure, kein Mangel ist.

Aber auch in anderer Beziehung ist man bemüht gewesen, die Bodenerträge zu steigern. Durch Einführung verbesserter Geräte ist die Bodenbearbeitung vollkommener und besser geworden. Die größeren Betriebe machen von der Anwendung landwirtschaftlicher Maschinen ausgiebigen Gebrauch. In den kleinbäuerlichen Wirtschaften dagegen scheut man noch vielfach das dafür nötige hohe Anlagekapital. Da bei dem kleinen Besitze die Ausnutzung der Maschinen eine höchst unvollkommene sein würde und eine genossenschaftliche Anschaffung immer mit Unannehmlichkeiten verbunden ist, so bleibt man lieber bei der alten Methode. Die Erntearbeiten werden dann in der Regel von holländischen Schnittern im Akkord- oder Tagelohn übernommen.

Was alles in gut geleiteten Betrieben an landwirtschaftlichen Maschinen und Geräten vorhanden ist, davon geben die in den Gutsbeschreibungen I und II gemachten Angaben ein gutes Bild. Das dort nachgewiesene Material repräsentiert ein nicht ganz kleines Kapital. Die Verzinsung und Amortisation dieses Kapitals wird aber in der Regel durch gesteigerte Ernteerträge und durch Ersparung von Arbeitskräften reichlich wett gemacht.

Die Frühjahrsbestellung pflegt ziemlich regelmäßig von Ende März bis Ende April zu erfolgen, die Herbstbestellung von Anfang September bis Ende November.

Eine Steigerung der Ernteerträge wird weiterhin erzielt durch den Übergang zum Anbau von neueren ertragsreicheren Sorten der Feldgewächse. Auch der rückständigste Landwirt verschließt sich heute kaum mehr der Einsicht, daß ein großer Teil seiner wirtschaftlichen Erfolge auf der richtigen Auswahl des Saatgutes beruht. Es mögen deshalb die zurzeit gebräuchlichsten Sorten der angebauten Feldgewächse angeführt werden. Von den Roggenvarietäten wären zu nennen: Petkuser-, Schlanstädter-, Probsteier- und Zeeländer-Roggen. Neben dem Landweizen finden wir Square-head- und Probsteier-Weizen. Von den Hafersorten nehmen Beseler II, Lentewitzer- und Schlanstädter-Hafer die erste Stelle ein. Von den Kartoffelsorten werden hauptsächlich angebaut: gelbfleischige rote Rauschalen, Magnum bonum, Paulsens-Juli- und Industriekartoffeln.

Daß die vorhin erwähnten Maßnahmen zu einer bedeutenden Steigerung der Erträge geführt haben müssen, ist zweifellos. Leider besitzen wir über die Ernteerträge nur Angaben, die auf einer mehr oder minder genauen Schätzung beruhen und deshalb als ganz zuverlässig nicht angesehen werden können. Da sie uns gleichwohl ein einigermaßen zutreffendes Bild von der Entwickelung und dem heutigen Stande des Ackerbaues bieten, so mögen nachstehend die der amtlichen Erntestatistik entnommenen Angaben folgen.

Es wurden geerntet pro ha in 100 kg:

	1880	1899	1903	1907
Weizen . . .	18,3	19,2	21,3	23,7
Roggen . . .	13,9	19,2	19,6	22,2
Hafer	20,0	19,6	19,0	23,1
Kartoffeln . .	92,1	129,3	144,2	170,1
Klee	47,7	49,0	49,0	57,4
Wiesenheu .	37,0	35,0	41,2	49,1

Die vorstehenden Zahlen sind Durchschnittswerte für den ganzen Bezirk. Auf den besseren Böden sind die Erträge zum Teil erheblich höher, wie dies auch aus den in den Gutsbeschreibungen hierüber gemachten Angaben zu entnehmen ist. Im allgemeinen ist aber in den vorstehenden Zahlen eine Steigerung der Ernteerträge deutlich ausgesprochen. Am stärksten ist dies beim Roggen und bei den Kartoffeln der Fall. Ein Hauptgrund für die Ertragssteigerung gerade dieser Früchte, die in erster Linie auf den leichteren Bodenarten angebaut werden, liegt in der ausgiebigen Anwendung der Kunst- und Gründüngung sowie in dem Anbau ertragreicher Sorten, und es bestätigt sich damit das von uns im Vorhergehenden Gesagte.

Nach der Statistik betrugen die Ernteerträge in den Jahren 1900 und 1909 pro ha in 100 kg:

Anbauart	Rheinland	Westfalen	Preußen	Deutsches Reich
Weizen . . .	20,9	19,2	20,6	19,5
Roggen . . .	19,0	17,6	15,7	16,1
Hafer	19,5	17,5	18,5	18,2
Kartoffeln . .	127,0	136,0	136,6	134,5
Wiesenheu .	39,7	40,3	37,4	41,8

Vergleicht man mit diesen Durchschnittszahlen die Erträge von 1903 und 1907 unseres Bezirkes, so ergibt sich, daß die letzteren beträchtlich höher sind als in anderen deutschen Landesteilen. Weitere Vergleiche und Schlüsse aus den mitgeteilten Zahlen zu ziehen, dürfte nicht angängig sein, weil, wie schon oben gesagt wurde, das statistische Material nicht ganz unanfechtbar ist.

4. Die Viehhaltung.

Nachstehend soll die Viehhaltung und ihre Bedeutung für die Landwirtschaft einer kurzen Würdigung unterzogen werden, ohne auf die Einzelheiten einzugehen, weil das den Rahmen dieser Betrachtung überschreiten würde.

Nach der Statistik betrug im Bereiche des ehemaligen Kreises Duisburg die Zahl der viehbesitzenden Haushaltungen:

im Jahre	1873	= 14954
„ „	1883	= 26493
„ „	1892	= 32223
„ „	1897	= 43471
„ „	1904	= 43966
„ „	1906	= 40428
„ „	1908	= 37940
„ „	1909	= 36564

Es ergibt sich hieraus, daß die Zahl der viehbesitzenden Haushaltungen unseres Bezirkes bis zum Jahre 1904 in einem ununterbrochenen Steigen begriffen war, um dann wieder in gleichem Maße abzunehmen. Auch aus diesen Zahlen kann man deutlich eine Einwirkung der Industrie auf die landwirtschaftliche Betriebsweise herauslesen, und noch klarer tritt das zutage, wenn man an Hand der amtlichen Viehzählungen die einzelnen Viehgattungen näher ins Auge faßt. Es waren vorhanden:

im Jahre	Pferde	Rindvieh	Schafe	Schweine	Ziegen
1835	4701	17109	8226	9267	2043
1861	4719	22196	9340	13411	10691
1873	6067	21145	9210	14920	17605
1883	6492	20578	8235	26219	20830
1893	9936	22166	8287	37226	23548
1897	12772	24293	6791	48043	26398
1902	15524	22182	6058	64354	—
1904	17275	22244	5420	67158	19533
1906	18930	21882	5128	80412	—
1908	18517	21366	4112	68842	—
1909	18418	19903	3826	66971	—

Die Zahl der Pferde hat bis zum Jahre 1906 ständig stark zugenommen, und zwar um mehr als 300 $^0/_0$ in dem Zeitraume von 1861 bis 1906. Diese starke Zunahme ist jedoch in erster Linie auf die sehr vermehrte Inanspruchnahme der tierischen Arbeitskräfte für industrielle und gewerbliche Zwecke zurückzuführen.

Die Rindviehhaltung hat bis zum Jahre 1897 eine allmähliche Zunahme erfahren und ist von da ab in einem etwas schnelleren Tempo wieder zurückgegangen. Der Rückgang in der Viehhaltung seit dem Ende des vorigen Jahrhunderts dürfte hauptsächlich auf zwei Ursachen zurückzuführen sein, nämlich erstens darauf, daß manche Landwirte infolge der von ihnen behaupteten Unrentabilität der Abmelkwirtschaft dieser den Rücken kehrten, um entweder einen nutzviehlosen landwirtschaftlichen Betrieb einzurichten oder wenigstens doch ihren Viehstand stark zu vermindern, und zweitens darauf, daß viele landwirtschaftliche Betriebe durch Übergang in industriellen oder gewerblichen Besitz der landwirtschaftlichen Nutzung ganz entzogen worden sind.

Die Schafhaltung ist von Jahr zu Jahr immer mehr und mehr zurückgegangen und hat fast jede Bedeutung verloren. Dagegen ist die Zahl der Schweine bis zum Jahre 1906 beständig stark gestiegen, hat aber seitdem wieder etwas abgenommen. Die Zunahme von 1861 bis 1906 betrug fast 500 %. Auch die Ziegenhaltung hat stark zugenommen und es war ihre Zahl im Jahre 1897 größer als die des im Bezirke gezählten Rindviehs.

Um einen Vergleich mit anderen Landesteilen zu ermöglichen, sind die Viehzählungsergebnisse für einzelne Jahre einmal zu der Bevölkerungsziffer und ein anderes Mal zur Flächeneinheit in Beziehung gebracht. Es ergab sich dabei folgendes:

Auf 1000 Einwohner kamen in unserem Bezirk:

Jahr	Pferde	Rindvieh	Schafe	Schweine	Ziegen
1873	22	77	34	55	64
1897	22	42	12	83	46
1904	23	18	6	69	20
1909	16	17	3	57	—

Auf 1 qkm der Gesamtfläche kamen:

Jahr	Pferde	Rindvieh	Schafe	Schweine	Ziegen
1873	9,1	31,6	13,7	22,3	26,3
1897	19,1	36,3	10,1	71,7	39,4
1904	25,8	33,2	8,1	100,2	29,3
1909	27,5	29,5	5,7	100,0	—

Auf 1 qkm der landwirtschaftlich benutzten Fläche entfielen:

Jahr	Pferde	Rindvieh	Schafe	Schweine	Ziegen
1873	13,3	46,3	20,2	32,6	38,5
1897	31,9	60,7	17,0	120,1	66,0
1904	52,0	67,4	16,4	203,5	59,2
1909	63,9	69,1	13,3	232,5	—

Nach der amtlichen Statistik kamen auf 1000 Einwohner:

	Pferde			Rindvieh			Schafe			Schweine			Ziegen		
	1900	1904	1907	1900	1904	1907	1900	1904	1907	1900	1904	1907	1900	1904	1907
Regierungsbezirk Düsseldorf	—	29	28	—	90	89	—	9	8	—	134	143	—	35	30
Rheinland . . .	33	32	30	210	184	184	30	19	16	155	155	167	50	53	54
Westfalen . . .	49	44	43	207	187	190	70	48	45	278	287	327	91	86	87
Preußen	85	81	79	316	304	312	203	154	140	318	342	392	60	58	58
Deutsches Reich	74	71	69	336	323	330	172	132	123	298	316	354	58	56	57

Auf 1 qkm der landwirtschaftlich benutzten Fläche fielen:

	Pferde		Rindvieh		Schafe		Schweine		Ziegen	
	1904	1907	1904	1907	1904	1907	1904	1907	1904	1907
Reg.-Bez. Düsseldorf	21,7	22,8	68,7	74,1	6,8	6,6	102,0	118,3	26,3	24,7
Rheinland	12,4	12,6	71,2	76,2	7,2	8,6	60,2	69,2	18,5	18,7
Westfalen.	12,9	13,3	54,5	59,4	14,1	13,9	83,4	102,2	18,0	18,6
Preußen	12,9	13,2	48,5	52,2	24,6	23,5	54,6	65,6	9,2	9,7
Deutsches Reich. .	12,2	12,4	55,1	58,9	22,6	22,0	54,0	63,2	9,5	10,1

Aus den mitgeteilten Zahlen ergibt sich, daß der Viehstand der landwirtschaftlichen Nutztiere unseres Bezirkes im Vergleich zur Bevölkerungsziffer weit hinter der anderer Landesteile zurückbleibt und noch nicht einmal die sehr niedrige Zahl des Reg.-Bez. Düsseldorf erreicht.

Anders wird jedoch das Bild, wenn man die Viehzahl auf die Flächeneinheit bezieht. Dann zeigt sich, daß die Zahl der auf 1 qkm der Gesamtfläche gezählten Pferde fast doppelt so groß ist, wie im Durchschnitt eines der oben genannten Landesteile, dagegen bleiben Rindvieh und Schafe zurück, während wieder Schweine und Ziegen bedeutend höhere Quoten aufweisen. Eine Ausnahme bildet hierin die Provinz Westfalen, die im Jahre 1907 eine stärkere Schweinehaltung aufweist. Ein Vergleich mit dem Reg.-Bez. Düsseldorf ergibt, daß das rheinische Ruhrkohlengebiet im Umfange der Pferde- und Ziegenhaltung über, bei den übrigen Tiergattungen unter dem Durchschnitte steht. Legt man dem Vergleich nicht die Gesamtfläche, sondern nur die landwirtschaftlich benutzte Fläche unseres Bezirkes zugrunde, so erhält man ein wesentlich günstigeres Bild; auch dann ist die Zahl der Rinder höher, als im Durchschnitt in Westfalen, Preußen und im Deutschen Reich.

Die Pferdehaltung. Bis zur Teilung der Marken, die in den Jahren 1825—1830 erfolgte, gab es im Emscher Bruche und im Duisburger Walde zahlreiche wilde Gestüte, die einen großen Teil des erforderlichen Pferdematerials lieferten und weithin berühmt waren. Als diese nun in Wegfall kamen und die Pferdezucht den Landwirten überlassen blieb, ging sie stark zurück. Schon Viebahn klagt im Jahre 1835, daß die Pferdezucht nicht gerühmt werden könne. Da jeder Landwirt nach Belieben züchtete, konnte von einer einheitlichen Zuchtrichtung keine Rede sein. Auf den Höfen, die wegen ihrer bergigen Lage schwer zu bewirtschaften waren, kamen Pferde belgischer Rasse mit Vorliebe zur Verwendung. Auf den leichteren Bodenarten des nördlichen Teiles waren meist Pferde leichten Schlages im Gebrauch. Noch vor wenigen Jahrzehnten glaubten berufene Pferdekenner, der Rheinprovinz die Fähigkeit für Pferdezucht absprechen zu müssen. Heute dagegen marschiert diese Provinz mit an der Spitze der Pferdezucht treibenden deutschen Landesteile. Das rheinische Kaltblut belgischer Abstammung ist längst über die

Grenzen der Provinz hinaus berühmt geworden und geht als Zuchtmaterial überall dorthin, wo sich in deutschen Landen die Kaltblutzucht entwickelt.

Im Jahre 1892 wurde vom Zentralvorstand des Landwirtschaftlichen Vereins für Rheinpreußen die Gründung des rheinischen Pferdestammbuches beschlossen. Als Zuchtziel wird ein kräftiges, gut gebautes, tiefes Pferd kaltblütigen Schlages, mit starken Knochen und freien Bewegungen angestrebt[1]. Das Industriegebiet hat jedoch an der sehr ausgedehnten rheinischen Pferdezucht nur geringen Anteil. Verschiedene Umstände lassen in ihm eine rationelle Pferdezucht im großen nicht aufkommen. Infolge der natürlichen und wirtschaftlichen Verhältnisse ist es für viele Betriebe nicht möglich, die für die naturgemäße Ernährung und Bewegung der jungen Tiere nur schwer entbehrlichen Weiden zu schaffen. Eine Stallfütterung der Fohlen stellt sich in der Regel zu teuer, und die so aufgezogenen Tiere besitzen durchweg auch geringere Leistungsfähigkeit. Nur die größeren Besitzer, denen ausgedehnte Weideflächen zur Verfügung stehen, pflegen sich deshalb mit der Pferdezucht zu befassen. Die kleineren und mittleren Besitzer ziehen es in der Regel vor, ihren Bedarf durch Ankauf zu decken.

Zur Illustration des oben Gesagten möge eine Tabelle aus der amtlichen Statistik über die Verteilung und das Alter der Pferde n den einzelnen Kreisen Platz finden. Im Jahre 1909 waren vorhanden:

Im Kreise	unter 3 Jahren	3—4 Jahre	über 4 Jahre	überhaupt
Duisburg . .	54	64	2679	2797
Oberhausen .	15	12	934	961
Mülheim-Stadt	81	53	1526	1660
Mülheim-Land	41	64	795	900
Dinslaken . .	329	178	3232	3739
Essen-Stadt .	21	27	3278	3326
Essen-Land .	238	141	4656	5035
Insgesamt . .	779	539	17100	18418

Demnach sind nur 4,2% aller Pferde unter 3 Jahre alt und etwa 3% stehen im Alter von 3—4 Jahren, während 92,8% aller vorhandenen Pferde älter als 4 Jahre sind. Der in seinem nördlichen Teil noch mehr ländliche Kreis Dinslaken hat mit 329 Tieren unter 3 Jahren = 8,8% den größten Anteil an der Pferdezucht.

Die Rindviehhaltung. Nach der Viehzählung vom 1. Dezember 1909 waren vorhanden:

[1] Werner, Viehzucht und Viehhaltung in „Der Boden und die landwirtschaftlichen Verhältnisse des Preußischen Staates“. Bd. VII, S. 610.

Im Kreise	Kälber bis 3 Mon.	Jungvieh bis 2 Jahre	2 Jahre u. älteres Vieh männl.	weibl.	Gesamtbestand an Rindvieh
Duisburg . .	82	211	24	917	1234
Oberhausen .	1	10	—	81	92
Mülheim-Stadt	46	189	24	1126	1385
Mülheim-Land	18	154	11	1208	1391
Dinslaken . .	614	3405	120	6638	10777
Essen-Stadt .	3	14	10	313	340
Essen-Land .	98	524	63	3999	4684
Insgesamt . .	862	4507	252	14282	19903

Aus den obigen Zahlen läßt sich unschwer herauslesen, welche Betriebsform in den einzelnen Kreisen unseres Bezirkes die häufigste ist. Ein starkes Überwiegen der 2 Jahre und älteren Kühe läßt auf vorherrschende Abmelkwirtschaft schließen, wogegen beim Vorhandensein eines hohen Prozentsatzes an Jungvieh sich in erster Linie Aufzucht vorfinden muß. Das letztere finden wir nur im Kreise Dinslaken, der in seinen nördlichen, dem eigentlichen Industriegebiet vorgelagerten Teilen für diese Betriebsform noch eine günstige Grundlage aufweist, während in allen übrigen Kreisen die Abmelkwirtschaft bei weitem vorherrscht. In Prozente umgerechnet, beträgt die Zahl des Jungviehes unter 2 Jahren im Kreise Dinslaken 31,5 %, in den übrigen Kreisen durchschnittlich 12,1 %, während sich der Prozentsatz für die über 2 Jahre alten Kühe in dem einen Falle auf 61,5 und in dem anderen Falle auf 83,7 stellt.

Im Jahre 1896 wurde für den damaligen Kreis Ruhrort eine Stammzuchtgenossenschaft gegründet, deren Zuchtziel der schwarzbunte, niederrheinische Schlag ist. Da sich jedoch die Zuchtwirtschaft in den nördlichen Teilen des Kreises Dinslaken nicht wesentlich von der der benachbarten ländlichen Kreise unterscheidet, so soll hier nicht weiter darauf eingegangen werden, und wir wollen uns im folgenden mit der für das rheinische Industriegebiet mehr charakteristischen Abmelkwirtschaft näher befassen.

Die erste und wichtigste Voraussetzung für den Betrieb einer Abmelkwirtschaft ist, daß günstige Absatzmöglichkeiten vorhanden sind. Sie sind deshalb in der Regel vor den Toren der größeren Städte und in den Industriezentren anzutreffen. Im Vergleich zu manchen anderen Betriebsformen wickelt sich die Abmelkwirtschaft verhältnismäßig sehr bequem ab. Die frische Milch wird täglich an die Privatkundschaft in der benachbarten Stadt abgegeben oder, was gewöhnlich der Fall ist, sie wird an einen Händler abgesetzt und von diesem meistens vom Hofe des Landwirts abgeholt. Der Landwirt muß nur stets darauf bedacht sein, daß täglich genau so viel Milch produziert wird, als er absetzen kann. Um dies unter allen Umständen durchführen zu können, ist ein starker Wechsel in den Viehbeständen nicht zu vermeiden. Das ist eine große Schattenseite der Abmelkwirtschaft.

Seuchen und Krankheiten der Viehbestände sind deshalb in ihnen bei weitem häufiger als in Zuchtbetrieben. Ein weiterer wunder Punkt ist der, daß der Besitzer einer Abmelkwirtschaft niemals im voraus wissen kann, ob die von ihm gekauften Milchtiere sich für seinen Abmelkstall eignen werden, da nur sehr milchergiebiges Vieh rentabel ist. Jeder Züchter kennt die Leistungen seiner Tiere und wird deshalb stets bestrebt sein, die minderleistungsfähigen auszumerzen; er wird sich selten dazu verstehen, seine besten und leistungsfähigsten Tiere zu verkaufen, es sei denn zu enorm hohen Preisen. So wandern oft die minderleistungsfähigen Tiere in die Gegenden der Abmelkwirtschaften. Die Besitzer der Abmelkställe sind daher gezwungen, für gutes Milchvieh sehr hohe Preise anzulegen, da billige Kühe unter allen Umständen zu teuer sind. Es ist deshalb der kleine Landwirt selten in der Lage, die Chancen einer Abmelkwirtschaft so ausnutzen zu können wie der größere Besitzer.

Sobald die Milchmenge auf etwa 6—8 l pro Tag heruntergegangen ist, wird die Kuh an den Metzger abgesetzt und muß also schlachtreif sein. Unter diesen Umständen wird hochwertiges Milchvieh im günstigsten Falle 2, im ungünstigsten Falle 6 und mehr Jahre eher zur Schlachtbank geführt als im Zuchtbetriebe. Hierin dürfen wir wohl den wundesten Punkt der Abmelkwirtschaft erblicken.

Der unsichere wirtschaftliche Erfolg vieler Abmelkwirtschaften ist zum guten Teil in dem Mißverhältnisse zwischen dem Einkaufspreise und dem Verkaufspreise der Abmelktiere begründet, indem der Ausfall bei ihrem Verkauf immer größer geworden ist. Während ältere Landwirte noch von einem Verdienst beim Verkauf zu erzählen wissen, beträgt heute der Verlust bei jedem Tier durchschnittlich 50—60 Mk. Entscheidend für den Erfolg der Abmelkwirtschaften ist daher in erster Linie eine möglichst vorteilhafte Gestaltung des Ein- und Verkaufs. Je besser der Besitzer eines Abmelkstalles es versteht, den unvermeidlichen Unterschied zwischen beiden Preisen auf ein Minimum zu reduzieren, um so größer und sicherer wird sein Erfolg sein. Eine Aufhebung der Grenzsperre Hollands, die von vielen Landwirten der dortigen Gegend gewünscht wird, um billigeres Milchvieh zu erhalten, würde keine Abhilfe schaffen. Denn durch die Vieheinfuhr würde naturgemäß auch der Preis des Mastviehes gedrückt werden, und die Differenz zwischen dem Ein- und Verkaufspreise bliebe doch bestehen.

Eine besondere Eigentümlichkeit aller Abmelkwirtschaften ist die außerordentlich reiche Fütterung und besonders die ausgiebige Verwendung von Kraftfuttermitteln. Kraftfuttergaben von 8—9 kg pro Tier sind durchaus nicht selten.

Von den Kraftfuttermitteln kommen hauptsächlich Biertreber, Malzkeime, Kleie, Leinmehl, Erdnußmehl und Baumwollsaatmehl zur Verwendung. Biertreber werden in vielen Abmelkwirtschaften in außerordentlich großen Mengen verfüttert, und sie werden wegen ihrer Schmackhaftigkeit und Bekömmlichkeit vom Vieh stets gern genommen. Sie bilden ein vorzügliches Futter für Milchtiere, da sie sowohl auf die Menge als auch auf die Güte der Milch einen günstigen Einfluß ausüben. Im frischen Zustande enthalten die Biertreber etwa 70% Wasser und müssen deshalb möglichst frisch verabreicht werden, da sie bei längerem Liegen an der Luft stark saure Beschaffenheit annehmen, wodurch ihre Bekömmlichkeit sehr vermindert wird. Die Malzkeime kommen ebenfalls als wertvolles Futter in der Abmelkwirtschaft zur Verwendung und äußern auf die Milchproduktion eine sehr günstige Wirkung sowohl quantitativ wie qualitativ. Das Leinmehl wird besonders wegen seiner milden diätetischen Wirkung geschätzt, und es besitzt ebenso wie das Baumwollsaatmehl einen günstigen Nähreffekt. Außerdem erhalten die Tiere die in der eigenen Wirtschaft erzeugten Futtermittel, wie Rüben, Heu und Stroh im Winter, Klee und Wickfutter im Sommer.

Vom ökonomischen Standpunkt aus können derartig hohe Futtergaben, wie sie in diesen Betrieben üblich sind[1], nicht als rationell angesehen werden. Schon allein in der Verfütterung von 8—9 kg Kraftfutter werden dem Tiere mehr verdauliche Nährstoffe zugeführt, als es in der Regel bedarf und verwerten kann. Es kommt allerdings immer auf die Fähigkeit der einzelnen Tiere an, welche Mengen an Nährstoffen zu verwerten sie imstande sind; doch dürfte es wohl wenig Kühe geben, die die in dem genannten Futterquantum enthaltenen Nährstoffmengen voll auszunutzen vermögen. Die vom Tiere nicht verwerteten Nährstoffe haben keinen anderen Nutzeffekt als die Bereicherung des Düngers, und für diesen Zweck dürften die Kraftfuttermittel doch wohl zu teuer sein. Die meisten Besitzer der Abmelkwirtschaften glauben jedoch eine derartig starke Verwendung von Kraftfuttermitteln nicht entbehren zu können und halten sie für eine unerläßliche Bedingung zur Erreichung der erstrebten Ziele, nämlich erstens eine möglichst hohe Milchleistung, und zweitens ein gemästetes Tier, sobald die Milchleistung bis auf etwa 6—8 l heruntergegangen ist.

Nach von verschiedenen Seiten sehr sorgfältig aufgestellten Berechnungen betragen die Produktionskosten für 1 l Milch 13—14 Pf. Der Händler verlangt für den Vertrieb der Milch 5 Pf. pro Liter. Wenn nun für die Milch beim Verkauf in der Stadt ein Preis von 20 Pf. erzielt wird, so bleibt für den landwirtschaftlichen Unternehmer nur ein ganz bescheidener Gewinn übrig. Wird dieser Preis nicht erreicht oder stellen sich die Produktionskosten aus irgendeinem Grunde höher wie oben angegeben, so kann leicht der Fall eintreten, daß die Abmelkwirtschaft nicht nur keinen Gewinn erzielt hat, sondern sogar mit Verlust gearbeitet worden ist. Es läßt sich darum die Frage, ob die Abmelkwirtschaft oder eine andere Betriebsform der Rindviehhaltung vorzuziehen ist, nur von Fall zu Fall entscheiden. Die

[1] Vgl. die hierüber gemachten Angaben in der Beschreibung typischer landwirtschaftlicher Betriebe.

Grenze der Rentabilität für eine Abmelkwirtschaft scheint bei einem Preise von 15 Pf. pro Liter beim Verkauf an den Händler zu liegen, sofern der Einkauf des Milchviehes und der Verkauf der fetten Tiere einigermaßen günstig erledigt werden kann. Kann unter besonderen Umständen ein höherer Milchpreis erzielt werden, so ist der Abmelkwirtschaft ohne weiteres der Vorzug zu geben. Bei einem Milchpreis unter 13 Pf. ist sie aber überhaupt nicht mehr gerechtfertigt; dann muß der Besitzer unbedingt bei der Zuchtwirtschaft bleiben oder wieder zu solcher zurückkehren. Bei einem Preise von 13—15 Pf. dürfte sich vielleicht eine Art gemischten Systems empfehlen, indem man die besten Kühe decken und in der eigenen Wirtschaft abkalben läßt. Wenn das nur mit der Hälfte der Tiere durchgeführt werden kann, so wird sich für den betreffenden Besitzer unbedingt der Preis für die einzelnen Tiere billiger stellen. Hierbei wird jedoch vorausgesetzt, daß diesen Tieren nicht übermäßig hohe Futtergaben verabreicht werden. Wenn dann der Landwirt bei sparsamer Verwendung von Kraftfuttermitteln dieselben Erträge aus der Milchviehhaltung erzielen kann, so wird er sich fragen müssen, ob sich eine stärkere Fütterung durch einen entsprechenden Mehrertrag hinreichend bezahlt macht.

Die Schweinehaltung. Die Zahl der Schweine ist in unserem Bezirke nicht nur absolut, sondern auch im Verhältnis zur Bevölkerung ganz enorm gestiegen. Trotzdem kann von einer eigentlichen Schweinezucht im Industriegebiet keine Rede sein. Die Besitzer der Abmelkwirtschaften haben die für eine rationelle Schweinezucht erforderliche Milch nicht zur Verfügung. Sie beschränken sich deshalb darauf, nur die für ihren eigenen Bedarf nötigen Schweine zu mästen und kaufen die jungen Tiere meistens im Alter von 6—12 Wochen an. Jedenfalls ist ein Betrieb mit Abmelkwirtschaft, wo Schweinezucht systematisch betrieben wird, eine ganz seltene Ausnahme. Es kommen für einen wirklichen Zuchtbetrieb nur solche Wirtschaften in Frage, die sich zugleich mit der Rindviehzucht befassen.

Das starke Anwachsen der Schweinehaltung erklärt sich durch die große Anzahl der Parzellenbetriebe. Jeder Bergarbeiter oder sonstige industrielle Arbeiter, der ein Stückchen Land bewirtschaftet, mästet das Jahr über ein oder meistens mehrere Schweine. Die Ferkel werden auf den nahen Wochenmärkten im Alter von etwa 6 Wochen gekauft und stammen meistens aus westfälischen und hannoverschen Zuchten. Diese Rasse ist ein Produkt aus der Kreuzung des Landschweines mit englischen Rassen, wobei jedoch der Blutsanteil des ersteren überwiegt.

Über die Zahl der Schweine in den einzelnen Kreisen und ihr Verhältnis zur Bevölkerungsziffer gibt nachstehende Tabelle, welche die Ergebnisse der Viehzählung aus dem Jahre 1906 enthält, Aufschluß.

Kreise	Anzahl der Schweine	Auf je 1000 Einwohner kamen
Duisburg	7226	37,6
Oberhausen	3142	41,2
Mülheim-Stadt	5883	62,6
Mülheim-Land	5101	145,7
Dinslaken	30797	238,7
Essen-Stadt	2776	12,0
Essen-Land	25487	104,5
Insgesamt	80412	82,4

Die stärkste Schweinehaltung findet sich demnach im Kreise Dinslaken. Die bedeutend höhere Zahl dieses Kreises erklärt sich durch seinen mehr ländlichen Charakter, während die Kreise mit mehr städtischer Bevölkerung, Essen-Stadt, Duisburg, Oberhausen und Mülheim-Stadt, eine verhältnismäßig geringe Schweinehaltung haben.

Die Ziegen- und die Schafhaltung. Ganz besonderer Sorgfalt erfreut sich in unserem Bezirke die Ziegenzucht. Zu ihrer Hebung werden von den einzelnen Kreisen unter Beteiligung des Staates und der Provinz erhebliche Aufwendungen gemacht. Fast in allen Ortschaften mit starker Arbeiterbevölkerung bestehen Ziegenzuchtvereine, die es sich zur Aufgabe machen, durch Einführung von männlichen und weiblichen Tieren leistungsfähiger Rassen, namentlich aus dem Saaner Gebiete, die Zucht zu verbessern und die Milchleistung zu fördern. Auf dem Zentralziegenmarkte zu Darmstadt werden alljährlich Ziegenlämmer der oben genannten Rasse angekauft und an die Mitglieder des Vereins abgegeben oder versteigert. Ferner stellen Kreisverbände und Ziegenzuchtvereine auserwählte Böcke für ein geringes Deckgeld zur Verfügung. Als weiteres Mittel zur Hebung der Ziegenzucht dienen die öfters veranstalteten Ziegenausstellungen, wobei für gute Zuchtleistungen Prämien gewährt werden.

Die Bedeutung der Ziegenhaltung liegt für den kleinen Mann darin, daß sie ihm für seinen Haushalt ohne erhebliche Kosten den Bedarf an Milch liefert. Die Ziege gibt durchschnittlich im Verhältnis zum Gebrauch an Futter mehr Milch als die Kuh; dabei ist die Milch noch gehaltreicher an Fett und Käsestoff und hat darum einen hohen Nährwert für Kinder und Kranke. Das für die Ziege nötige Futter kann zum Teil aus dem eigenen Haushalte beschafft werden. Im Industriegebiete nennt man deshalb die Ziege nicht mit Unrecht die „Kuh des Bergmanns“.

Die Zahl der Schafe ist im hiesigen Bezirke von 9340 im Jahre 1861 auf 3826 Stück im Jahre 1909 zurückgegangen. In einer so hoch entwickelten und stark bevölkerten Gegend, wo jedes Fleckchen Land zu einer möglichst intensiven Nutzung herangezogen wird, bleibt für Schafweiden wenig Gelegenheit übrig. Ferner mag das Sinken der Wollpreise dazu beigetragen haben, daß viele Landwirte sich veranlaßt sahen, die Schafzucht wegen Unrentabilität aufzugeben. Irgendeine nennenswerte Bedeutung hat jedenfalls die Schafhaltung in dieser Gegend nicht mehr.

5. Die Arbeit in der landwirtschaftlichen Unternehmung.

Das Kapital allein reicht zur Durchführung einer landwirtschaftlichen Unternehmung nicht aus, es muß sich hierzu mit der geistigen und körperlichen Arbeit wirksam vereinigen. Die geistige Arbeit des Unternehmers muß darauf gerichtet sein, aus dem landwirtschaftlichen Betriebe einen möglichst hohen Gewinn zu erzielen. Es ist darum die Aufgabe des verantwortlichen Betriebsleiters, die nötigen Betriebsmittel in erforderlicher Menge und im richtigen Werte zu beschaffen, eine richtige Betriebsorganisation durchzuführen und den wirtschaftlichen Erfolg der Unternehmung durch eine sachgemäße Buchführung zu kontrollieren.

Die verantwortlichen Betriebsleiter sind in unserem Bezirke wohl ausnahmslos die landwirtschaftlichen Unternehmer selbst. Wenn auch die Inhaber größerer Betriebe sogenannte Verwalter in ihren Diensten haben, die meistens zur Mitberatung herangezogen werden, so liegt doch die eigentliche Leitung stets in der Hand des Unternehmers.

Während in früheren Zeiten der Besitzer der großbäuerlichen Betriebe mit seiner ganzen Familie sich an der landwirtschaftlichen Arbeit beteiligte, ist das heute vielfach anders geworden. Durch Grundstücksverkäufe zu hohen Preisen und durch Spekulation in Industriewerten sind viele Landwirte zu großem Wohlstande gelangt und ihre Lebensführung ist eine dementsprechend andere geworden. Zwar wird sich der größere Besitzer auch heutzutage nicht scheuen, selbst mit Hand anzulegen, wenn es nottut, aber im allgemeinen widmet er sich nur der Leitung des Betriebes. Anders jedoch bei dem Kleinbesitzer; er muß samt seiner ganzen Familie kräftig mit zugreifen, wenn er nicht seine Existenz gefährden will.

Der Hauptanteil an der landwirtschaftlichen Arbeit bleibt naturgemäß den ländlichen Arbeitern überlassen. Man scheidet die Landarbeiter gewöhnlich in zwei große Klassen, in die kontraktlich gebundenen und in die freien Arbeiter. Zur ersten Klasse gehören das Gesinde und die für längere Zeit kontraktlich gebundenen Tagelöhner, die zweite Klasse bilden die freien Tagelöhner. Von den kontraktlich gebundenen Tagelöhnern kommen die Heuerleute hier fast gar nicht mehr vor, aber auch die grundbesitzenden Tagelöhner werden immer seltener. Gewöhnlich sind es dann noch Bergarbeiter, welche in der landwirtschaftlichen Arbeit einen Nebenverdienst suchen, was ihnen bei der kurzen Arbeitszeit im Bergbau, und besonders wenn sie Nachtschicht haben, recht gut möglich ist, oder es sind Berginvaliden, die für die schweren Arbeiten im Bergbau nicht mehr tauglich sind, die leichteren landwirtschaftlichen Arbeiten jedoch noch ganz gut verrichten können. Alle diese Bergarbeiter, die sich zeitweise oder dauernd wieder mit der landwirtschaftlichen Arbeit befassen, sind durchgehends aus anderen Gegenden zugewanderte frühere ländliche Arbeiter. Der einheimische, von Jugend auf im Bergbau beschäftigte Arbeiter verschmäht es meistens, sich mit ländlichen Arbeiten abzugeben. Die meisten landwirtschaftlichen Arbeiten müssen deshalb vom Gesinde und in der Erntezeit von den Wanderarbeitern verrichtet werden. Eigentümlich an den ganzen Arbeiterverhältnissen im Industriebezirke ist der Umstand, daß ein heimischer ländlicher Arbeiterstand fast gar nicht existiert, da die Kinder der Arbeiter sich nach der Schulentlassung fast ausnahmslos dem Bergbau oder der Industriearbeit zuwenden. „In den Kreisen Ruhrort, Mülheim a. d. Ruhr und Essen beschäftigen sich die meisten Kinder höchstens zwei Jahre nach der Schulzeit in der Landwirtschaft, dann gehen sie mit dem Vater zur Arbeit in die Kohlenbergwerke und in die Eisenwerke, auch zur Textilindustrie. Der Mangel an einheimischen Arbeitern ist daher sehr groß. Der Landwirt sieht sich genötigt, da er auf freie Tagelöhner kaum rechnen kann, sehr viel Gesinde von auswärts zu beziehen. Oft genug geht dasselbe aber schon nach dem ersten Kontraktjahr zu der lohnenderen Industriearbeit über. Ältere Arbeiter lassen sich im Dienst nur halten, wenn man ihnen Familienwohnung mit Garten und Ackerland überläßt“[1].

Die Dienstboten stammen vorzugsweise aus Ost- und Westpreußen, Hessen, Hannover, Waldeck und Holland. Länger wie 1—2 Jahre halten diese es meistens in der Landwirtschaft ebenfalls nicht aus. Sobald sie erfahren haben, daß sie im Bergbau mit leichterer Mühe einen höheren Verdienst erzielen können, kehren sie der landwirtschaftlichen Arbeit den Rücken. Als weitere Ursachen für das Abwandern in die Industrie wären zu nennen: die kürzere Arbeitszeit, das freiere ungebundenere Leben in den Bergwerken und Fabriken, der Reiz, den das Stadtleben besonders auf die jüngeren Arbeiter ausübt, die dort frei von jeglicher Aufsicht besser ihren Wünschen und Neigungen nachgehen können. Der landwirtschaftliche Besitzer ist daher meistens genötigt, immer wieder neue Kräfte von auswärts heranzuziehen. Von einer „Leutenot“, wie sie die Landwirtschaft des Ostens kennt, kann man eigentlich nicht sprechen. Wohl aber herrscht ein Mangel an wirklich guten landwirtschaftlichen Arbeitern. Der Arbeitsmarkt der ländlichen Arbeiter ist stark von der Konjunktur in der Industrie beeinflußt. Beim Aufsteigen der Konjunktur herrscht gewöhnlich ein größerer Arbeitermangel, während bei sinkender Konjunktur wieder industrielles Arbeitermaterial frei wird, das dann zum Teil in der Landwirtschaft unterzukommen sucht. Nur höchst ungern nimmt der landwirtschaftliche Besitzer entlassene Industriearbeiter in seine Dienste; weiß er doch nur zu genau, daß es sich hier in der Regel um unqualifizierte Gelegenheitsarbeiter handelt, die auch im landwirtschaftlichen Betriebe wenig brauchbar sind.

---

[1] Otto Auhagen, Die ländlichen Arbeiterverhältnisse in der Rheinprovinz. Schriften d. Ver. f. Sozialpol. 1892, Bd. 54, S. 666 u. 667.

Als Wanderarbeiter kommen für die Landwirtschaft des rheinischen Industriebezirkes fast nur die holländischen Schnitter in Betracht, die zur Erntezeit unaufgefordert herüberkommen und den Landwirten ihre Dienste anbieten. Wer nicht unbedingt dazu gezwungen ist, vermeidet es jedoch nach Möglichkeit, die Dienste dieser hochbezahlten Erntearbeiter in Anspruch zu nehmen. Dem großbäuerlichen Besitzer, der in der Regel über ein zahlreiches Gesindepersonal verfügt und von den landwirtschaftlichen Maschinen einen ausgiebigen Gebrauch macht, ist das meistens möglich, dagegen kann der kleinbäuerliche und mittlere Besitzer, der die erwähnten Hilfsmittel nicht in dem Maße zur Verfügung hat, ihre Mitwirkung nicht entbehren. Die Erntearbeiten werden meistens im Akkord ausgeführt, und zwar werden 14—18 Mk. bei freier Beköstigung und 20—24 Mk. ohne Kost pro ha bezahlt. Bei diesen hohen Akkordsätzen erzielen die geübten holländischen Schnitter einen täglichen Verdienst von 4—5 Mk., wenn sie noch freie Kost erhalten, und etwa 5—6 Mk., wenn sie sich selbst beköstigen. Das Verdienst der Weiber beträgt entsprechend 2—3 und 3—4 Mk.

Die Löhne der gewohnheitsmäßig oder vorübergehend beschäftigten freien Tagelöhner sind infolge der Einwirkung der im Bergbau und in der Industrie bezahlten Löhne ebenfalls sehr hoch. Nach glaubwürdigen Angaben mehrerer Besitzer betragen die Löhne für Tagelöhner im Sommer bei freier Beköstigung 2,50—3 Mk. und 3,50—4 Mk. ohne Kost. Im Winter gehen diese Löhne nur unbedeutend unter oben genannte Summen herab. Weibliche Tagelöhner werden im allgemeinen nur selten beschäftigt; ist es der Fall, so werden sie im Verhältnis zum Lohne des Mannes auffallend niedrig bezahlt. Der Tagelohn für sie beträgt gewöhnlich nur 1,50—2 Mk. bei freier Beköstigung.

Der Lohn des männlichen Tagearbeiters betrug im Essener Bezirke um das Jahr 1830 8 Silbergroschen für leichte und 13 Silbergroschen für schwere Arbeit; eine Frau erhielt entsprechend 6 und 9 Silbergroschen[1]. Im Jahre 1861 belief sich der Tagelohn für ländliche Arbeiter auf 10 Silbergroschen im Sommer und 7—8 Silbergroschen im Winter, während die Frauen 7 und 5—6 Silbergroschen erhielten[2]. Im Jahre 1880 war nach einer Statistik des Landkreises Essen der Tagelohnsatz 0,75—1,50 Mk. mit Kost und 2—3 Mk. ohne Kost. Im Jahre 1892 wurde vom Verein für Sozialpolitik folgendes ermittelt[3]: „Im Industriebezirk an der Ruhr, wo ja ein ganz bedeutender Mangel an einheimischen ländlichen Arbeitern besteht, erreichen die Löhne eine außerordentliche Höhe; es erhalten dauernd beschäftigte Tagelöhner im Sommer 2,60 Mk. ohne und 1,40—1,80 Mk. mit Kost, im Winter 2 und 1 Mk., teilweise beschäftigte 3—3,50 Mk. ohne und 2—2,50 Mk. mit Kost im Sommer und 2 und 1—1,50Mk.

[1] von Viehbahn, Statistik des Reg.-Bez. Düsseldorf, S. 144—146.
[2] von Mülmann, Statistik des Reg.-Bez. Düsseldorf, S. 356—358.
[3] Schriften des Vereins für Sozialpolitik Bd. 54, S. 685 u. 695.

im Winter. Teilweise beschäftigte Frauen erhalten im Sommer 1—1,50 Mk. mit Kost, im Winter 1 Mk. „Der Akkordlohn für Gras- und Kleemähen beträgt 12—14 Mk. pro ha, für Getreidemähen 12 bis 16 Mk., es ergibt sich hierbei ein durchschnittlicher Verdienst von 3,50—4,50 Mk. pro Person."

Wenn auch die Löhne für die einzelnen Jahre nicht ohne weiteres miteinander vergleichbar sind, weil zum Teil die näheren Bestimmungen „mit" oder „ohne" Kost, „Winter" oder „Sommer" fehlen, so können wir doch so viel daraus entnehmen, daß die Löhne für die ländlichen Arbeiter vom Jahre 1830—1861 gar nicht und von 1861 bis 1880 in langsamem Tempo, dagegen von 1880 ab bis zur Gegenwart sehr stark gestiegen sind.

Auch die Industrielöhne zeigen seit dem Jahre 1890 eine starke Aufwärtsbewegung. Die Jahresdurchschnittslöhne im Oberbergamtsbezirke Dortmund betrugen für:

Jahr	Hauer	Arbeiter für Grubenausban	Tagearbeiter	jugendl. Arbeiter
1880	2,70 Mk.	2,09 Mk.	2,20 Mk.	1,02 Mk.
1892	3,87 „	2,69 „	2,70 „	1,11 „
1908	5,86 „	4,08 „	3,91 „	1,38 „

Es stiegen demnach vom Jahre 1880—1908 die Löhne der Hauer um 117%, der Arbeiter für Grubenausbau um 95%, der Tagearbeiter um 78% und der jugendlichen Arbeiter um 35%, während die Löhne für ländliche Arbeiter in der gleichen Zeit um etwa 100% zugenommen haben. Die Löhne der Landarbeiter haben daher mit den Löhnen der besser bezahlten Bergarbeiter in der Zunahme gleichen Schritt gehalten.

Auch die Gesindelöhne sind in ähnlicher Weise gestiegen. Es erhielten an Barlohn in Mark[1]:

Jahr	Knechte	Pferdejungen	Mägde
1830	63—105	—	48—63
1861	120—225	48—75	45—75
1880	100—163	—	60—120
1892	240—400	120—150	120—195
1910	360—540	120—180	180—300

Nehmen wir aus diesen Löhnen das Mittel, so ergibt sich folgende Steigerung in %:

Zeitraum	Es stiegen die Löhne in % bei Knechten	Mägden
1830—1861	105	8
1861—1880	33	50
1880—1892	39	75
1892—1910	41	52
1830—1910	436	332

[1] Die Löhnsätze für 1830, 1861, 1880 und 1892 entstammen den vorstehend genannten Quellen; die Löhne für 1910 sind nach Angaben verschiedener Landwirte der dortigen Gegend zusammengestellt.

Die Löhne der Pferdejungen sind seit dem Jahre 1861 um 144% gestiegen.

Da die Mägde im allgemeinen noch schwieriger zu beschaffen sind als die Knechte, und besonders solche Mägde, die sich noch mit der Wartung des Viehes beschäftigen, fast gar nicht zu haben sind, so sind die mittleren und größeren Besitzer fast ausnahmslos gezwungen, Viehwärter anzustellen. Der Lohn der Viehwärter beträgt durchschnittlich 600 Mk. im Jahre.

Daß derartig hohe Lohnsteigerungen, wie wir sie hier sehen, den landwirtschaftlichen Betrieb ganz erheblich verteuert haben, liegt klar zutage. Die Industrie der Gegend hat die Landwirte in die Notwendigkeit versetzt, den immer wieder erhöhten Lohnansprüchen der Arbeiter und des Gesindes nachzukommen. Diese oft bis zur Grenze der ökonomischen Möglichkeit gesteigerten Anforderungen, die starke Fluktuation der Arbeiter sowie der Mangel an wirklich guten Landarbeitern haben es bewirkt, daß vielen Landwirten der Betrieb überhaupt verleidet ist. Daß unter diesen Umständen das Verhältnis zwischen Arbeitern und Arbeitgebern kein patriarchalisches mehr sein kann, liegt auf der Hand. Da es für den landwirtschaftlichen Besitzer oft recht schwierig ist, seine Arbeiter auch nur 1—2 Jahre im Dienst zu behalten, muß er ängstlich alles vermeiden, was dieselben veranlassen könnte, den Dienst vorzeitig aufzugeben. Trotz der nachsichtigen Behandlung, die dem Arbeiter hier in der Regel zuteil wird, ist ein Kontraktbruch gar nicht selten. Sobald der Landarbeiter einmal die Absicht hat, seine bisherige mit der vermeintlich glänzenden Stellung eines Industrie- oder Bergarbeiters zu vertauschen, wird ihm jede Gelegenheit willkommen sein, die Auflösung des Kontraktes herbeizuführen. Ein unbedachtes Wort seitens des Arbeitgebers genügt dann, um diese Folgen zu veranlassen. Viele suchen auch wohl durch ungehorsames und trotziges Benehmen oder durch liederliche Arbeit von ihrem Arbeitgeber die Auflösung des Arbeitsverhältnisses zu erzwingen. Andere endlich verlassen ohne jede Angabe des Grundes ihren Dienst, um sich dann sofort auf der nächsten Zeche oder in der Stadt als Bergmann oder Fabrikarbeiter zu verdingen. Dem Landwirte steht zwar im Falle eines solchen Kontraktbruches das Mittel der zwangsweisen Zurückführung zu Gebote, doch wird er sich in der Regel sehr überlegen, ob er davon Gebrauch machen soll. Von dem Ausreißer, der gezwungen in den Betrieb zurückgekehrt ist, steht nicht zu erwarten, daß er die ihm übertragenen Arbeiten zur Zufriedenheit seines Arbeitgebers ausführt, und er wird es bald dahin gebracht haben, daß dieser ihn gern wieder gehen läßt.

Außer den menschlichen Arbeitskräften kommen für die Landwirtschaft die tierischen und in neuerer Zeit die mechanischen Arbeitskräfte in Betracht. Von den tierischen Arbeitskräften kommen fast nur die Pferde in Frage, da Kühe und Ochsen in den hiesigen landwirtschaftlichen Betrieben als Zugtiere kaum Verwendung finden. Wie schon im Kapitel über die Viehhaltung erwähnt wurde, herrscht in den landwirtschaftlichen Betrieben des Industriebezirkes von den Pferderassen der rheinische Kaltblutschlag belgischer Abstammung bei weitem vor. Die Pferde werden sowohl ein- wie zweispännig benutzt. Das höchste Ladegewicht beträgt für das Zweigespann auf Kunststraßen 45 dz und auf Landwegen 20 dz. Die Zahl der Arbeitspferde in den landwirtschaftlichen Betrieben des Industriebezirkes wird in der Regel so bemessen, daß auf etwa 7—8 ha beackertes Land 1 volljähriges Gebrauchstier entfällt.

In jüngster Zeit haben viele Landwirte die elektrische Kraft in ihre Dienste gestellt. Das rheinisch-westfälische Elektrizitätswerk zu Essen hat über einen großen Teil des Industriegebietes ein Netz von Hochspannungsleitungen gelegt und gibt elektrischen Strom sowohl für Licht- als für Kraftzwecke ab. So finden wir denn heute eine Reihe von landwirtschaftlichen Betrieben, die einen elektrischen Betrieb zum Dreschen, Mahlen und Häckselschneiden eingerichtet haben. Daneben haben sie die Annehmlichkeit der elektrischen Beleuchtung im ganzen Hause, in den Ställen und zum Teil auch in den Scheunen.

6. Die Rentabilität der landwirtschaftlichen Betriebe.

In der Beschreibung typischer landwirtschaftlicher Betriebe des rheinischen Ruhrkohlengebietes haben wir für einzelne Wirtschaften teils auf Grund der Buchführung, teils nach den Angaben der Besitzer die Reinerträge feststellen können. Unter Reinertrag ist derjenige Geld- oder Geldwertsertrag zu verstehen, der übrig bleibt, nachdem man die allgemeinen Wirtschaftskosten vom Geldrohertrage abgezogen hat. Im allgemeinen rechnet der buchführende Landwirt bei der Feststellung seines wirtschaftlichen Erfolges nur bis zu diesem Wirtschaftsreinertrag, und für seine hierfür in Frage kommenden Zwecke genügt das auch. Dennoch muß bei jedem landwirtschaftlichen Unternehmen das Bestreben des Betriebsleiters darauf gerichtet sein, nicht den höchsten Reinertrag, sondern die höchste Grundrente zu erzielen, d. h. jeder rationell wirtschaftende Landwirt muß alle Maßnahmen und Einrichtungen in seinem Betriebe so treffen, daß ein möglichst hoher unkosten- und zinsfreier Ertrag erzielt wird.

Außer dem Grund und Boden umfaßt der landwirtschaftliche Betrieb die in ihm wirksamen und unentbehrlichen sachlichen Produktionsmittel, nämlich das Gebäudekapital, das Kapital des lebenden und toten Inventars und das umlaufende Betriebskapital. Während der Grund und Boden als ein unzerstörbares und unvermehrbares Geschenk der Natur anzusehen ist, sind alle anderen Bestandteile der Wirtschaft vergänglich, sie können beliebig vermehrt oder vermindert werden und sind also Produktivkapital. Der Reinertrag eines Betriebes besteht demnach aus der Grundrente nebst der Verzinsung aller in der Wirtschaft wirksamen Kapitalien. Will man also die Grundrente eines Gutes bestimmen, so hat man von dem Wirtschaftsreinertrage die Zinsen für alle im Betriebe tätigen Produktivkapitalien abzuziehen; der Rest stellt dann die Verzinsung des reinen Grund und Bodens dar.

Fassen wir noch einmal die früher (S. 48, 50, 51, 53 und 55) berechneten Reinerträge in den genannten fünf Wirtschaften zusammen, so ergibt sich folgendes:

Wirtschaft	Größe	Reinertrag im ganzen	Reinertrag pro ha
I	154,0 ha	9231,40 Mk.	59,94 Mk.
II	67,5 ,,	5229,79 ,,	77,48 ,,
III	35,0 ,,	7663,— ,,	218,94 ,,
IV	34,0 ,,	7160,— ,,	210,59 ,,
V	13,5 ,,	2460,50 ,,	182,26 ,,

Obige Reinerträge stellen die Verzinsung aller in den Wirtschaften wirksamen Kapitalien, nämlich des Grund- und Gebäudekapitals, des lebenden und toten Inventarkapitals und des umlaufenden Betriebskapitals dar.

Die genaue Feststellung der Höhe der einzelnen Kapitalsformen bietet im allgemeinen erhebliche Schwierigkeiten. Für den Betrag des Bodenkapitals ist man in der Regel auf mehr oder minder genaue Schätzungen unter Zugrundelegung der in der nächsten Nachbarschaft erzielten Bodenpreise angewiesen. Für rein ländliche Bezirke, wo die Grundstückspreise voneinander wenig abweichen, werden die nach diesem Verfahren ermittelten Bodenwerte ziemlich zutreffend sein. Für das Industriegebiet aber, wo, wie wir in dem Kapitel über die Preisverhältnisse ausgeführt haben, für die Bodenpreise ganz andere Ursachen maßgebend sind als in den ländlichen Bezirken, und wo in derselben Gemarkung für die gleichen Bodenqualitäten ganz verschiedene Preise bezahlt werden, ist es fast unmöglich, für ein größeres Gut den augenblicklichen Grundstückswert genau zu ermitteln.

Einfacher gestaltet sich die Sache bei der Feststellung des Gebäudekapitals. Hier kann man in der Regel diejenige Summe zugrunde legen, zu der die dem landwirtschaftlichen Betriebe dienenden Gebäude versichert sind. Auch die Feststellung der Höhe des lebenden Inventarkapitals bereitet keine besonderen Schwierigkeiten, wenn man die Anzahl der Tiere und ihren Durchschnittswert kennt. Dagegen ist die jeweilige Höhe des toten Inventarkapitals und des umlaufenden Betriebskapitals nicht so leicht zu bestimmen. Erfahrungsgemäß beträgt das Gerätekapital 50% des Viehkapitals. Geräte und umlaufendes Kapital zusammen entsprechen ungefähr dem einfachen Viehkapitale[1].

Wir können demnach die in den Wirtschaften I—V tätigen Produktivkapitalien in folgender Weise ansetzen:

[1] Krafft, Lehrbuch der Landwirtschaft. Bd. IV, S. 67.

Gegenstand	I Mk.	II Mk.	III Mk.	IV Mk.	V Mk.
Gebäudekapital	97000	79395	70000	58500	27700
Lebendes Inventarkapital .	29000	21000	13000	9000	5000
Totes Inventarkapital . . .	14500	10500	6500	4500	2500
Umlaufendes Betriebskapital	14500	10500	6500	4500	2500

Da das Gebäudekapital vermöge der Feuerversicherung sehr gesichert ist, kann es sich mit einer Verzinsung von 3% begnügen. Das stehende Betriebskapital (lebendes und totes Inventarkapital) ist unsicherer und verlangt deshalb eine höhere Verzinsung, die wir mit 5% ansetzen wollen. Bei dem umlaufenden Betriebskapitale ist das Risiko am größten und es dürfte deshalb eine Verzinsung mit 7% als angemessen zu bezeichnen sein.

Werden für die Verzinsung des Gebäude- und Betriebskapitals obige Sätze zugrunde gelegt, so sind folgende Zinsbeträge erforderlich:

Gegenstand	I Mk.	II Mk.	III Mk.	IV Mk.	V Mk.
Gebäudekapital	2910,—	2381,85	2100,—	1755,—	831,—
Stehendes Betriebskapital .	2175,—	1575,—	975,—	675,—	375,—
Umlaufendes Betriebskapital	1015,—	735,—	455,—	315,—	175,—
Insgesamt	6100,—	4691,85	3530,—	2745,—	1381,—

Der Reinertrag des reinen Grund und Bodens beträgt demnach:

Wirtschaft	Größe	im ganzen	pro ha
I	154,0 ha	3131,40 Mk.	20,33 Mk.
II	67,5 „	537,94 „	7,97 „
III	35,0 „	4133,— „	118,09 „
IV	34,0 „	4415,— „	129,85 „
V	13,5 „	1079,50 „	80,— „

Vergleichen wir mit diesen Reinerträgen die mit den Ertragswerten korrespondierenden Pachtpreise, welche in der dortigen Gegend für guten Ackerboden bei parzellenweiser Verpachtung 100—120 Mk. pro ha betragen, so ergibt sich, daß nur die Betriebe III und IV eine dem Ertragswerte nach genügende Verzinsung bringen, während der Ertrag der Wirtschaften I und II völlig ungenügend ist. Bedeutend ungünstiger liegen die Verhältnisse, wenn statt des Ertragswertes der Verkehrswert zugrunde gelegt wird. Nehmen wir an, der durchschnittliche Grundstückspreis der Betriebe I, II, III und V betrage 12000 Mk. pro ha, so ergibt sich eine Grundrente von 0,17%, 0,07%, 0,98% und 0,67%. Für den Betrieb IV, der etwas entfernter von den industriellen Konzentrationspunkten liegt, können wir nach den Angaben des Besitzers einen Bodenwert von 6000 Mk. pro ha annehmen, und es würde sich dann hier der reine Grund und Boden mit 2,16% verzinsen.

Muß schon eine Verzinsung des Grundkapitales mit rund 2 % als recht niedrig bezeichnet werden, so ist der Betrag der Grundrente für die übrigen vier Betriebe, die noch nicht einmal 1 % erreicht, als gänzlich ungenügend anzusprechen. Am allerungünstigsten liegen die Verhältnisse bei den Betrieben I und II mit einer Verzinsung des Gutskapitals von 0,17 % und 0,07 %, so daß hier von einer Grundrente kaum noch gesprochen werden kann. Der Besitzer des Betriebes II führt den schlechten wirtschaftlichen Erfolg auf die Unrentabilität der Abmelkwirtschaft zurück und er beabsichtigt deshalb, die Viehhaltung ganz aufzugeben und für seinen Betrieb die viehlose Wirtschaft einzuführen. Ob ein so krasser Übergang von einer Betriebsform zu einer anderen das Richtige oder ob nicht eine Milderung der reinen Abmelkwirtschaft in der Richtung, wie wir das schon früher angedeutet haben, mehr am Platze ist, soll nicht untersucht werden. Sicher ist es außerordentlich schwierig, bei den hohen Bodenpreisen und den hohen Arbeitslöhnen aus der landwirtschaftlichen Unternehmung einen so hohen Reinertrag herauszuwirtschaften, daß der heutige Gutswert entsprechend verzinst wird. Der Landwirt der dortigen Gegend rechnet im allgemeinen weniger mit einer guten Verzinsung seines Grundkapitals, als vielmehr mit einer hohen Wertsteigerung seines Besitzes. Da er in der Regel das Gut ererbt oder in früherer Zeit zu einem billigeren Preise erworben hat, so braucht er mit keinem hohen Anlagekapital zu rechnen und kann deshalb in Ruhe abwarten, bis ihm ein vorteilhafter Preis für seine Besitzung geboten wird. Dagegen würde ein Landwirt, der bei den heutigen Grundstückspreisen ein Gut in dieser Gegend kauft, bei dem landwirtschaftlichen Betriebe nicht auf seine Rechnung kommen. Es ist daher in diesem Gebiete eine ganz seltene Erscheinung, daß eine landwirtschaftliche Besitzung in die Hand eines anderen Landwirtes übergeht. Wo ein Landgut zum Verkauf kommt, gelangt es in der Regel in den Besitz der Industrie oder des Großkapitals, um hier als Fabrikterrain oder als Bauland einer höheren Nutzung zugeführt zu werden.

7. Schädigungen des landwirtschaftlichen Betriebes durch Bergbau und Industrie.

Nachdem wir die Einwirkung, die Bergbau und Industrie auf die landwirtschaftliche Produktionsrichtung, auf die Preisbildung sowie auf die Arbeiter- und Lohnverhältnisse ausüben, nachzuweisen versucht haben, wollen wir in diesem Kapitel die direkten Schädigungen und Unannehmlichkeiten, welche der bergbauliche und industrielle Betrieb für die Landwirtschaft im Gefolge hat, einer näheren Betrachtung unterziehen.

Schon an einer anderen Stelle haben wir darauf hingewiesen, daß es auf dem in der Nähe von Fabriken oder Bergwerken gelegenen Acker- und Gartenland fast unmöglich ist, reinliches Gemüse zu erzielen. Aber auch alle anderen landwirtschaftlichen Produktionszweige werden mehr oder weniger durch Flugasche, Kohlenstaub und Ruß, wovon die Luft hier immer erfüllt ist, in Mitleidenschaft gezogen. Beim Getreide macht sich dieses besonders in nassen Sommern bemerkbar, indem die anhaftenden Schmutzpartikelchen beim Dreschen eine höchst unangenehme Staubentwickelung verursachen. Das Gras auf den in der Nähe der industriellen Werke liegenden Viehweiden ist ebenfalls einer ständigen Verunreinigung ausgesetzt. Wenn auch die Meinungen darüber auseinandergehen, ob durch Staub und Asche verunreinigtes Viehfutter im Tierkörper direkt Krankheiten hervorrufen kann, so ist doch als sicher anzunehmen, daß reinliches Futter dem Tiere bekömmlicher ist und auch von ihm lieber genommen wird.

Jedem, der längere Zeit in dem Industriegebiete zwischen Ruhr und Emscher geweilt hat, wird es aufgefallen sein, daß hier im Gegensatz zu anderen Rheingegenden die Obsternte im allgemeinen sehr gering ausfällt. Wenn dies auch zum Teil auf andere Ursachen, wie Spätfröste, zurückzuführen ist, so ist doch sicher die Ansicht der Obstbaumzüchter nicht ganz unbegründet, daß die industriellen Werke an dieser Kalamität mit schuldig sind. Besonders sind es die Hüttenwerke, die durch Ausströmung des Schwefelwasserstoffgases sehr schädlich wirken.

In den meisten Fällen werden die Landwirte für durch Rauch- und Staubentwickelung der industriellen Werke entstandenen Schäden keinen Ersatz erhalten, weil sich eben ein direkter Schaden nur in den seltensten Fällen nachweisen läßt. Ist aber eine Schädigung direkt nachweisbar, so treffen die Ersatzansprüche der umliegenden Grundbesitzer die industriellen Werke oft in einer sehr empfindlichen Weise. So mußte beispielsweise eine in Mülheim a. d. Ruhr von einer belgischen Gesellschaft betriebene Zinkhütte alljährlich große Summen bezahlen, weil in der ganzen Nachbarschaft viele Obstbäume eingingen und durch die direkt kulturwidrige Zinkasche jegliche Kultur stark beeinträchtigt wurde. Als dann anfangs der 70er Jahre ein größerer Gebäudeteil des Werkes durch Feuer zerstört wurde, stellte man den Betrieb ganz ein.

Ein großer Übelstand, den die zunehmende Ausbreitung des Kohlenbergbaues für die Landwirtschaft im Gefolge hat, sind die Bodensenkungen. Während man in neuerer Zeit, um allzu starken Bodensenkungen vorzubeugen, die durch den Kohlenabbau entstandenen Hohlräume nach Möglichkeit wieder auszufüllen sucht, ließ man früher nach Entfernung der Zimmerung die ganze Strecke einfach „zu Bruch“ gehen. Das der Kohle aufliegende Gestein oder bergmännisch ausgedrückt „das Hangende“, bricht dann zusammen, füllt die Hohlräume aus und das ganze überliegende Deckgebirge gerät damit in eine Bewegung, die sich in der Regel bis an die Erdoberfläche fortpflanzt[1]. So entstehen Bodensenkungen, die sich auch

---

[1] Stötzel, Die Bodenbewegungen im rheinisch-westfälischen Industriebezirke, S. 11ff.

vielfach äußerlich bemerkbar machen. Hat der Kohlenabbau in nicht allzu großer Tiefe stattgefunden, so bemerkt man an einzelnen Stellen plötzlich entstandene Vertiefungen, sogenannte „Tagebrüche“. Entsteht nun ein solcher Tagebruch inmitten eines Ackerstückes, so bildet derselbe für den landwirtschaftlichen Betrieb naturgemäß ein großes Hindernis. Aber auch Risse und Spalten im Boden, die ebenfalls bisweilen vorkommen, können für den landwirtschaftlichen Betrieb sehr unangenehm werden. Am schlimmsten jedoch sind die ungleichmäßigen Senkungen des Bodens, durch welche die Vorflutverhältnisse in den Bächen und Flüssen vielfach gestört werden. Wiesen und Äcker, die bislang nie unter Nässe zu leiden hatten, können dann ganz oder zum Teil nicht mehr entwässert werden. Sollen sie nicht ganz versumpfen, so müssen für die Regulierung der Vorflut oft bedeutende Mittel aufgewandt werden. Wir haben schon in dem Kapitel über die hydrographischen Verhältnisse ausgeführt, daß es in unserem Gebiete besonders das Emschergebiet ist, welches bisher unter den durch Bodensenkungen hervorgerufenen schlechten Vorflutverhältnissen zu leiden hatte. Die ungleichmäßigen Senkungen bewirkten, daß sich die aus den Ortschaften, Fabriken und Zechen herrührenden Schmutzwässer an einzelnen Stellen der Emscher und ihrer Zuflüsse anstauten. Trat dann bei Hochwasser eine Überschwemmung der umliegenden Äcker und Wiesen ein, so setzte sich Schlamm und allerlei Unrat auf den hiervon betroffenen landwirtschaftlichen Grundstücken ab. Die Folge davon war, abgesehen von sonstigen Unannehmlichkeiten, daß die Wiesen entwertet und die Äcker verunkrautet wurden. War vielleicht gar das anliegende Gelände noch stärker gesunken als das Flußbett, so war eine Entwässerung oft überhaupt nicht mehr möglich, und das wertvollste Kulturland fiel damit einer vollständigen Unbrauchbarkeit anheim. Die inzwischen zum großen Teile ausgeführte Regulierung der Emscher war somit auch für die dortige Landwirtschaft ein dringendes Bedürfnis.

Als weitere Schädigungen, die die Bodensenkungen für die landwirtschaftlichen Betriebe im Gefolge haben, sind folgende zu nennen. An den Gebäuden zeigen sich Risse, die sich besonders an den am schwächsten konstruierten Stellen, wie an den Fensterbrüstungen und Türbögen bemerkbar machen. Man kann diese Risse und Sprünge aber auch an allen anderen Stellen der Gebäude wahrnehmen, wie an den Außen- und Innenwänden, an den Decken und am Fußboden, so daß ein solches Haus oft den Eindruck großer Baufälligkeit macht. Selbst Beschädigungen der Kanalisationen sowie der Gas- und Wasserleitung gehören nicht zu den Seltenheiten. Ein weiterer Übelstand, den der Bergbau verursacht, ist das häufige Vorkommen der Wasserentziehung in den Brunnen. Durch die entstandenen Risse im Erdinnern nehmen die Wasseradern ihren Lauf nach unten, und die Folge davon ist, daß die Brunnen versiegen.

Alle diese Schäden führen oft zu recht langwierigen Prozessen, die der landwirtschaftliche Besitzer gegen die in Frage kommenden Zechenverwaltungen anzustrengen gezwungen ist. Als sich Ende der 70er Jahre des vorigen Jahrhunderts Bergschäden in größerem Umfange zeigten, wurden besonders auf Betreiben des westfälischen Bauernkönigs, des Freiherrn von Schorlemer-Alst, für verschiedene Gemeinden des Kreises Essen ausgedehnte Flächennivellements ausgeführt. Durch von Zeit zu Zeit ausgeführte Kontrollnivellements läßt sich dann genau feststellen, ob und in welchem Umfange Bodensenkungen eingetreten sind. Auf Grund solchen Beweismaterials werden die Prozesse zugunsten der Geschädigten entschieden. Schwieriger gestaltet sich in der Regel der Fall nur dort, wo der Schaden an der Grenze der Markscheide liegt, so daß oft nicht mit Sicherheit festgestellt werden kann, von welchem Bergbaubetrieb der Schaden herrührt. Liegt dagegen klar zutage, wer der schuldige Teil ist, so erklären sich die Bergwerksgesellschaften vielfach sofort bereit, den verursachten Schaden wieder gut zu machen. Uneben gewordene Fußböden werden neu gelegt, schadhafte Decken repariert, gerissene Mauerteile verankert, versiegte Brunnen durch Wasserleitungen ersetzt, und bei versumpften Wiesen und nassen Äckern wird, soweit noch möglich, für Entwässerung gesorgt oder eine entsprechende Abfindungssumme bezahlt. So haben viele Zechenverwaltungen jahraus jahrein große Entschädigungssummen zu zahlen. Es ist deshalb leicht erklärlich, wenn in neuerer Zeit die Inhaber der Grubenfelder so viel Terrain wie möglich vor Anlage des Bergwerkes anzukaufen suchen, um vor späteren Entschädigungsansprüchen sicher zu sein. Die Landwirte verkaufen in der Regel ihren Besitz an Grund und Boden nicht ungern; gelangen sie doch damit in den Besitz eines baren Kapitals, das ihnen an Zinsen einen höheren Ertrag bringt, als sie ihn durch Bewirtschaftung des Bodens erzielen können.

Schlußwort.

Wenn wir rückblickend die Verhältnisse der Landwirtschaft im Industriegebiete an der Ruhr uns noch einmal vor Augen führen, so gewinnen wir den Eindruck, daß sich hier in den letzten Jahrzehnten die Lage der Landwirtschaft unter der Einwirkung von Bergbau und Industrie gewaltig verändert hat.

Noch vor einem halben Jahrhundert werden sich die wirtschaftlichen und sozialen Verhältnisse dieser Gegend nicht sehr von denen in anderen Teilen Westdeutschlands unterschieden haben. Seitdem ist das anders geworden. Dort, wo früher üppige Kornfelder und saftige grüne Wiesen das Auge erfreuten, erheben sich jetzt graue Steinhalden. Fabriken und industrielle Etablissements jeglicher Art von oft riesigen Dimensionen mit hunderten von rauchenden Schloten, vereinzelt liegende Bergwerksbetriebe und ausgedehnte Arbeiterkolonien geben heute der Gegend das charakteristische Gepräge. Eine schnell aufblühende Industrie hat die ganze Lage verändert. Die Bevölkerung des Industriegebietes hat in einer beispiellosen Weise zugenommen. Für den Landwirt bietet dieser Umstand zunächst den Vorteil, daß hierdurch ein bequemes und gutes Absatzgebiet für landwirtschaftliche Produkte geschaffen wird. Andererseits wird durch das Vordringen der Industrie die Landwirtschaft zurückgedrängt, und an die Stelle der konservativen landwirtschaftlichen tritt die internationale industrielle Bevölkerung. Die großartige Entwickelung der Verkehrsverhältnisse, insbesondere die Schaffung eines engmaschigen Eisenbahnnetzes, hat der Landwirtschaft große Vorteile gebracht. Nicht nur, daß die erzeugten landwirtschaftlichen Produkte auf den Märkten der Industriezentren die höchsten Preise erzielen, sondern dem Landwirt ist infolge der vortrefflichen Verkehrsverhältnisse auch der Vorteil geboten, die für seinen Betrieb zur Verwendung kommenden Waren billiger beziehen zu können, als dies in rein ländlichen Gegenden durchweg möglich ist. Die gewaltige Ausdehnung von Bergbau und Industrie hat die Bodenpreise stark in die Höhe getrieben. Obschon der Ertragswert mit dem heutigen Verkehrswert gar nicht mehr in Einklang steht, kaufen Industrie und Großkapital immer mehr landwirtschaftliche Besitzungen auf und zahlen dafür die höchsten Preise. Der landwirtschaftliche Besitzer, der sich in der glücklichen Lage befindet, seinen Grund und Boden verkaufen zu können, steht sich dann in der Regel sehr glänzend, weil er im Besitze des Zinsgenusses ein höheres und müheloseres Einkommen hat, als er es durch Bewirtschaftung des Bodens zu erzielen vermag. Anders verhält es sich bei dem Landwirt, der mit seinem Besitz abseits von den industriellen Konzentrationspunkten liegt. Er hat augenblicklich absolut keinen Vorteil von den hohen Bodenpreisen der Gegend, da er weder verkaufen, noch sein Land zu einem guten Preise verpachten kann. Auch in der Verteilung des ländlichen Grundbesitzes hat sich eine Umwandlung vollzogen. Die landwirtschaftlich benutzte Fläche nimmt von Jahr zu Jahr mehr ab und im Jahre 1907 betrug sie nur noch 43,1 % der Gesamtfläche. Der mittel- und großbäuerliche Besitz nimmt zwar nach wie vor noch $^2/_3$ der Gesamtwirtschaftsfläche ein, aber es ist doch recht bezeichnend, daß die kleinsten Betriebe bis zu 2 ha Größe im Jahre 1907 bereits 94,81 % aller landwirtschaftlichen Betriebe ausmachten. Durch die starke Mobilisierung von Grund und Boden erklärt sich auch, daß das mittelbare Anerbenrecht Geltung hat. Die von den Vätern überkommene Sitte, den Hof geschlossen auf einen Anerben zu übertragen, wird immer mehr durchbrochen, indem den weichenden Erben vielfach ein hochwertiges Stück Land als Erbteil überlassen wird. Auf die hohen Bodenpreise und die Möglichkeit, einzelne Grundstücke als Bauplätze oder für gewerbliche Zwecke verkaufen zu können, ist wohl die verhältnismäßig geringe Verschuldung des ländlichen Grundbesitzes zurückzuführen.

Auch die landwirtschaftliche Betriebsweise hat sich hinsichtlich der Produktionsrichtung den durch Industrie und Bergbau geschaffenen Verhältnissen angepaßt. Dies spricht sich am deutlichsten in dem starken Vorherrschen der Abmelkwirtschaften aus. Doch ist der wirtschaftliche Erfolg dieser Betriebe keineswegs glänzend, wie man vielleicht vermuten sollte. Die hohen Kosten des überaus reichen Futters, die Differenz zwischen dem Ein- und Verkaufspreise der Milchtiere und die hohen Arbeiter- und Gesindelöhne sind die hauptsächlichsten Ursachen für diese Erscheinung. Wenn auch von einem absoluten Arbeitermangel hier nicht gesprochen werden kann, so fehlt es doch vielfach sehr an wirklich guten landwirtschaftlichen Hilfskräften. Es ist deshalb nicht zu verwundern, daß vielen bäuerlichen Besitzern der landwirtschaftliche Betrieb oft verleidet wird, besonders dann, wenn der wirtschaftliche Erfolg in gar keinem Verhältnisse zu dem Aufwande steht. Von einer wirklichen Grundrente ist oft nichts mehr vorhanden. Der ländliche Kapitalgewinn und der Unternehmergewinn sind knapp genug, und oft bleibt nur ein kümmerlicher Arbeitslohn des Selbstwirtes. Dem Landwirte ist es deshalb nicht zu verdenken, wenn er sein von den Vätern ererbtes Gut verkauft, sobald ihm ein Preis geboten wird, der den Ertragswert weit übersteigt. Vom volkswirtschaftlichen und sozialpolitischen Standpunkte aus kann man es nur begrüßen, wenn hier der größere bäuerliche Besitz noch mehr parzelliert wird als bisher. Die intensivste Bodenkultur ist nur im Kleinbetrieb möglich, und die Pflege von Spezialkulturen, deren Produkte hier stets eine gute Absatzmöglichkeit finden, würde bedeutend höhere Erträge bringen, als es bei dem durch den größeren Besitzer bevorzugten Getreidebau der Fall ist. Andererseits würde dann auch der Berg- und Industriearbeiter eher in der Lage sein, sich ein Grundstück zu erwerben und sich ein eigenes Heim zu schaffen.

Wenn man die Verhältnisse im Industriegebiete längere Zeit genau verfolgt, und wenn man sieht, wie ein Bauernhof nach dem anderen vom Großkapital aufgesogen wird, so wird man sich sagen müssen, daß die Landwirtschaft hier auf einem verlorenen Posten steht. Schreitet die Industrie hier in dem Maße weiter fort, wie es in den letzten Jahrzehnten der Fall gewesen ist, so wird vielleicht die Zeit nicht mehr ganz ferne sein, wo man einen eigentlichen Bauernstand des rheinischen Ruhrkohlengebietes nur noch vom Hörensagen kennt.

Metzger & Wittig, Leipzig.

FSC
www.fsc.org
MIX
Papier | Fördert
gute Waldnutzung
FSC® C083411

Kolibri 360 GmbH
Ferdinand-Jühlke-Straße 7
99095 Erfurt, Deutschland
produktsicherheit@kolibri360.de